# 塔里木河流域
# 近 30 年水系连通性分布图集

王婷婷　王红　著

气象出版社
China Meteorological Press

**图书在版编目（CIP）数据**

塔里木河流域近 30 年水系连通性分布图集 / 王婷婷，王红著. -- 北京：气象出版社，2024. 10. -- ISBN 978-7-5029-8323-9

Ⅰ. TV211.1-64

中国国家版本馆 CIP 数据核字第 2024US5627 号

**塔里木河流域近 30 年水系连通性分布图集**
Talimu He Liuyu Jin 30 Nian Shuixi Liantongxing Fenbu Tuji

出版发行：气象出版社

地　　址：北京市海淀区中关村南大街 46 号　　　　邮政编码：100081

电　　话：010-68407112（总编室）　　010-68408042（发行部）

网　　址：http://www.qxcbs.com　　　　E-mail：　qxcbs@cma.gov.cn

责任编辑：蔺学东　　　　　　　　　　　终　审：张　斌

责任校对：张硕杰　　　　　　　　　　　责任技编：赵相宁

封面设计：楠竹文化

印　　刷：北京建宏印刷有限公司

开　　本：787 mm×1092 mm　1/16　　　印　张：9.25

字　　数：236 千字

版　　次：2024 年 10 月第 1 版　　　　印　次：2024 年 10 月第 1 次印刷

定　　价：90.00 元

　　塔里木河流域地处欧亚大陆腹地，位于新疆维吾尔自治区南部，东经 73°10′—94°05′，北纬 34°55′—43°08′，总面积约 102.7 万 km²，是我国最大的内陆河流域。流域由发源于塔里木盆地周边天山山脉、帕米尔高原、喀喇昆仑山、昆仑山、阿尔金山等山脉的阿克苏河、喀什噶尔河、叶尔羌河、和田河、开都—孔雀河、迪那河、渭干—库车河、克里雅河和车尔臣河等九大水系的 144 条河流组成，流经 5 个地（州）的 42 个县（市）和 4 个兵团师的 45 个团场，形成塔里木河"九源一干"格局。受自然和人类活动等的影响，塔里木河流域水系在历史上发生了频繁而剧烈的变化。20 世纪 40 年代以前，车尔臣河、克里雅河、迪那河相继脱离干流，20 世纪 40 年代之后，喀什噶尔河、开都—孔雀河、渭干河也逐渐脱离干流。20 世纪 90 年代之后，唯有源流阿克苏河长年有水补给塔里木河干流，而叶尔羌河与和田河只在汛期才有水进入塔里木河干流，另外，孔雀河通过库塔干渠向塔里木河干流下游地区输水，形成了目前塔里木河"四源一干"的格局。

　　水系连通性是指流域水系单元间（河流、湖泊和湿地）互相连接的畅通程度，是流域水系的基本属性。作为连接河湖水体间物质、能量及信息传递与交换的关键纽带，水系连通性对水资源、水环境、水生态和生境状况具有联动与触发反馈作用。水系连通性包括结构连通性和功能连通性两个部分，结构连通性是水系连通性的基础，功能连通性是水系连通性的目标。本地图集展示了塔里木河流域近 30 年来河流 – 湖泊 – 湿地的水系连通性时空变化特征。其中，结构连通性采用地貌学方法提出的连通性指数（Index of Connectivity，IC）来评估，基于 1990—2020 年土地利用 CLCD LULC 数据产品（分辨率 30 m）和每 5 年城市分布数据，并结合数字高程模型（DEM）计算得到，IC 数据范围为（−∞，+∞），且随着 IC 值增加，结构连通性增加。在结构连通性基础上，通过 1990—2020 年 Landsat TM/ETM+ 遥感影像反演的水体分布结果和降水频率，计算得到功能连通性指数。本地图集旨在揭示塔里木河流域"九源一干"的结构连通性和功能连通性时空变化特征，为全球变化背景下流域水资源优化调控和水生态安全保障等提供科学支撑。

本地图集的出版得到了第三次新疆综合科学考察项目"塔里木河流域产 / 需水要素变化与水安全格局调查"（2022xjkk0100）的支持。

著者

2024 年 6 月

# CONTENTS 目 录

前 言

## 第一部分　地理概况

## 第二部分 结构连通性

## 第三部分 功能连通性

## 第四部分　实地考察与验证

# 地理概况

　　塔里木河流域内高山、盆地相间，地势西高东低、北高南低，形成极为复杂多样的地貌特征，可分为山地、绿洲、荒漠三大地貌单元。其中，高原山区主要分布于塔里木盆地南部、西南部和北部，由天山、帕米尔高原、喀喇昆仑山和昆仑山组成，山势巍峨陡峻，高峰林立，海拔5000 m以上的山峰长年积雪、冰川发育，是塔里木河源流的径流形成区。山前平原由山区向盆地内倾斜，海拔在900～1200 m，地形平缓，是水资源的主要利用与消耗区。沙漠区位于盆地底部和边缘，以塔克拉玛干沙漠为主，海拔在800～900 m。流域内土地资源、光热资源和石油天然气资源十分丰富，是我国重要的棉花生产基地。

　　塔里木河流域是南疆人民的母亲河，由九大水系的144条河流组成，其中阿克苏河、叶尔羌河、喀什噶尔河为国际跨界河流，这些河流均向盆地内部流动，构成向心水系，河流的归宿点是内陆盆地和山间封闭盆地。

　　本部分展示了塔里木河流域的地形、地貌、土壤特征，以及1990—2020年每5年土地利用与覆被时空变化规律，共计14幅图，为读者提供流域地理背景信息。

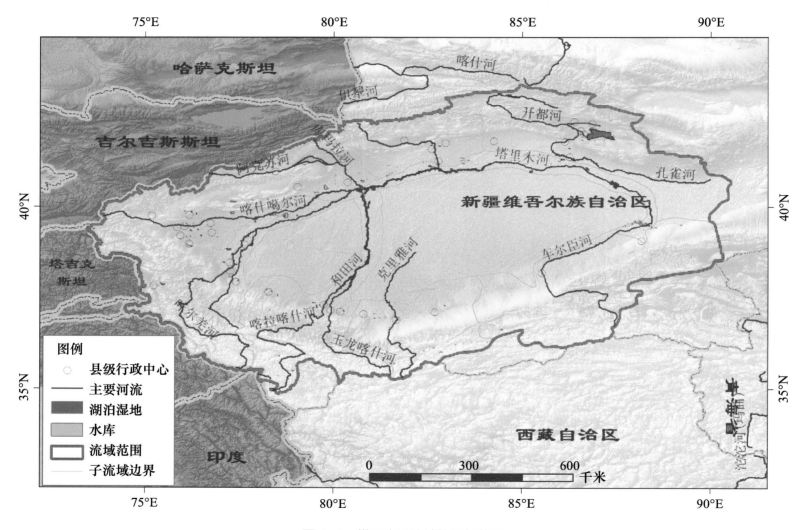

图 1-1　塔里木河流域位置与范围

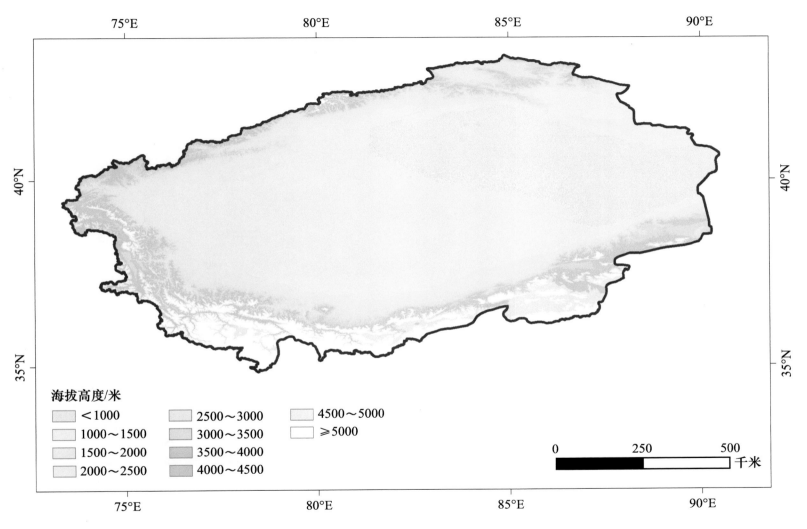

图 1-2 塔里木河流域海拔高度分布

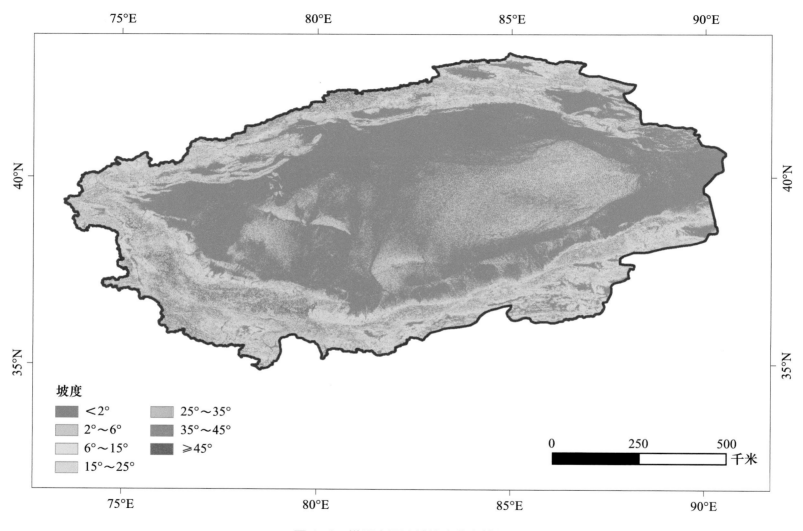

坡度

- ■ <2°
- □ 2°～6°
- □ 6°～15°
- □ 15°～25°
- □ 25°～35°
- ■ 35°～45°
- ■ ≥45°

图 1-3　塔里木河流域坡度分布特征

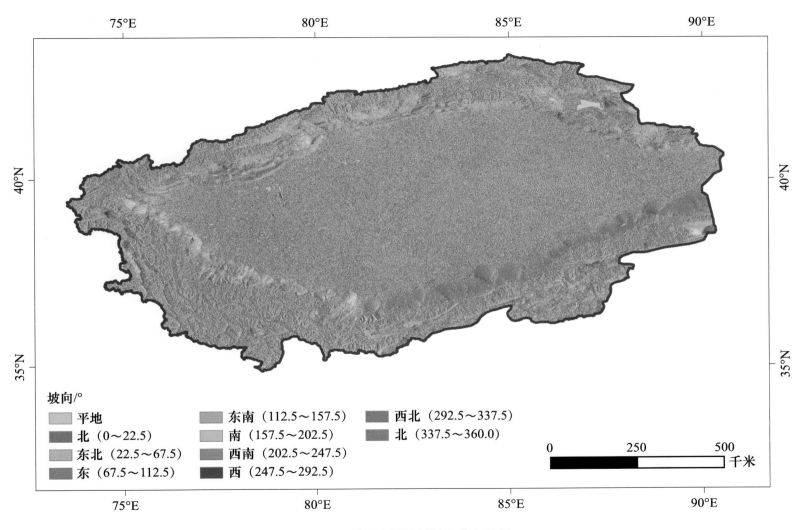

图 1-4　塔里木河流域坡向分布特征

坡向/°

平地
北（0~22.5）
东北（22.5~67.5）
东（67.5~112.5）
东南（112.5~157.5）
南（157.5~202.5）
西南（202.5~247.5）
西（247.5~292.5）
西北（292.5~337.5）
北（337.5~360.0）

0　　　250　　　500
千米

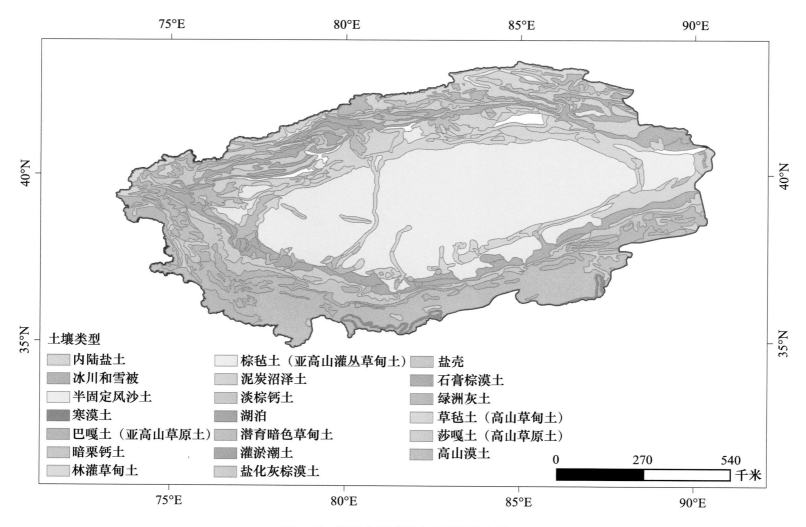

**土壤类型**

| | | |
|---|---|---|
| 内陆盐土 | 棕毡土（亚高山灌丛草甸土） | 盐壳 |
| 冰川和雪被 | 泥炭沼泽土 | 石膏棕漠土 |
| 半固定风沙土 | 淡棕钙土 | 绿洲灰土 |
| 寒漠土 | 湖泊 | 草毡土（高山草甸土） |
| 巴嘎土（亚高山草原土） | 潜育暗色草甸土 | 莎嘎土（高山草原土） |
| 暗栗钙土 | 灌淤潮土 | 高山漠土 |
| 林灌草甸土 | 盐化灰棕漠土 | |

0　　　270　　　540 千米

图 1-5　塔里木河流域土壤类型分布特征

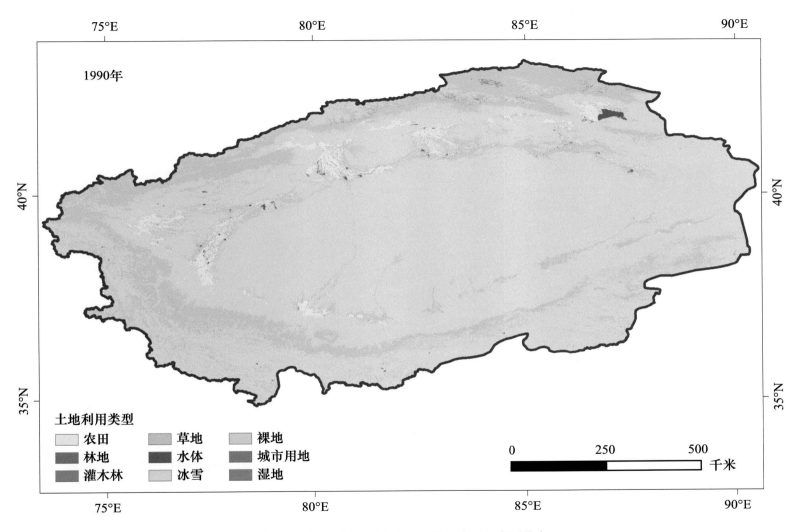

图 1-6 塔里木河流域 1990 年土地利用类型分布

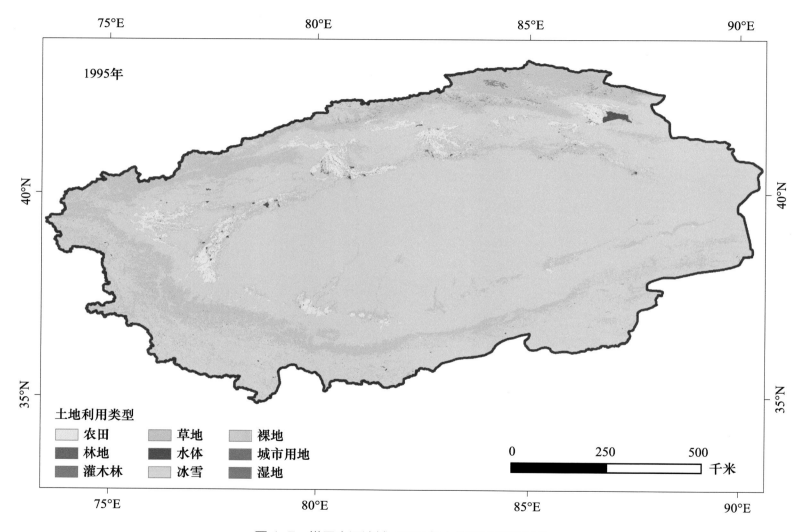

图 1-7　塔里木河流域 1995 年土地利用类型分布

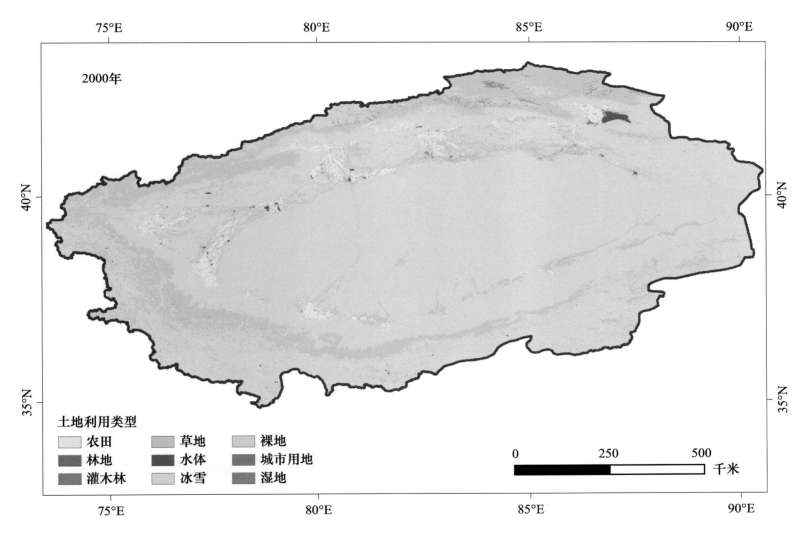

图 1-8　塔里木河流域 2000 年土地利用类型分布

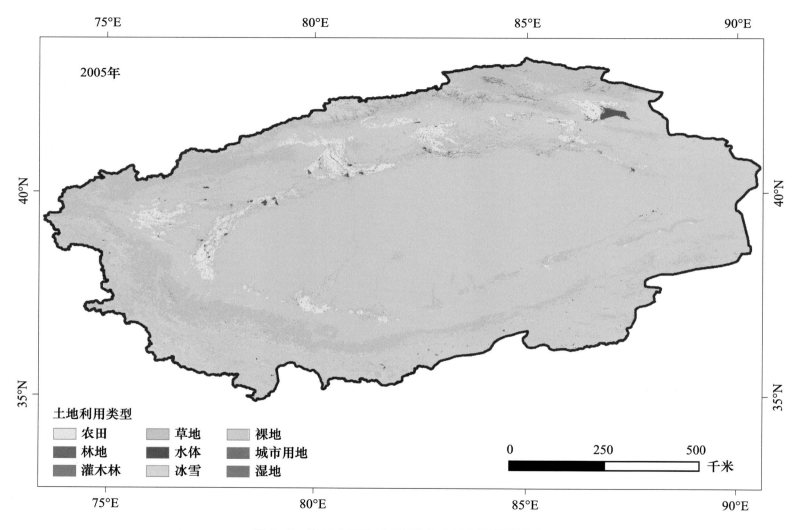

图 1-9　塔里木河流域 2005 年土地利用类型分布

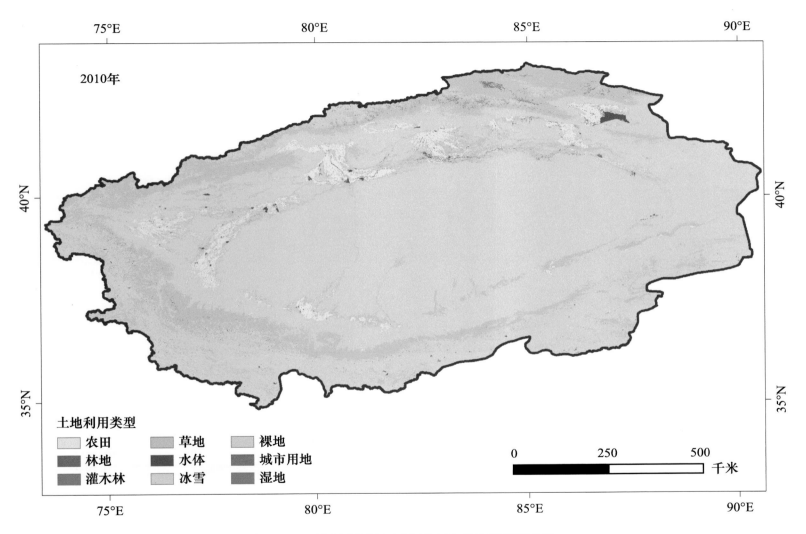

图 1-10 塔里木河流域 2010 年土地利用类型分布

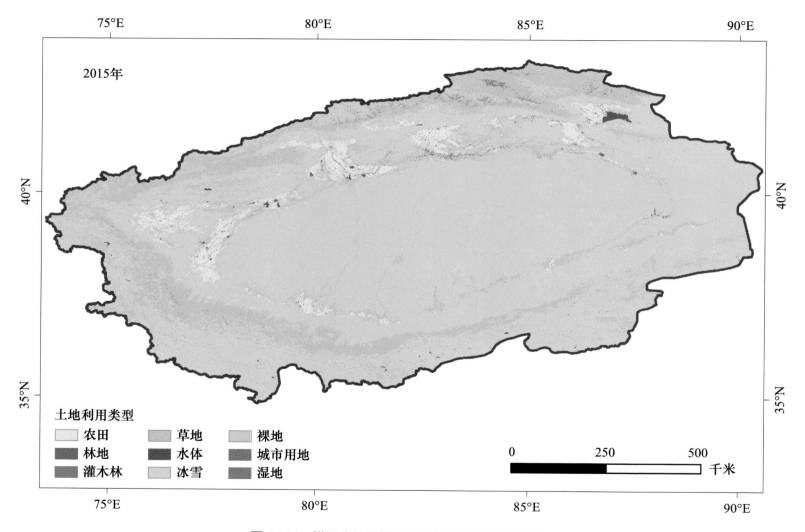

图 1-11  塔里木河流域 2015 年土地利用类型分布

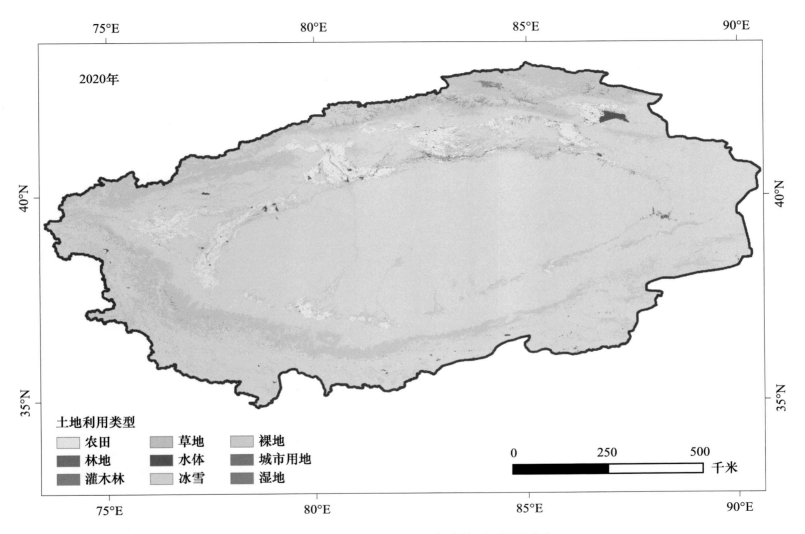

2020年

土地利用类型

| 农田 | 草地 | 裸地 |
| 林地 | 水体 | 城市用地 |
| 灌木林 | 冰雪 | 湿地 |

0　　　　　　250　　　　　　500
千米

图 1-12　塔里木河流域 2020 年土地利用类型分布

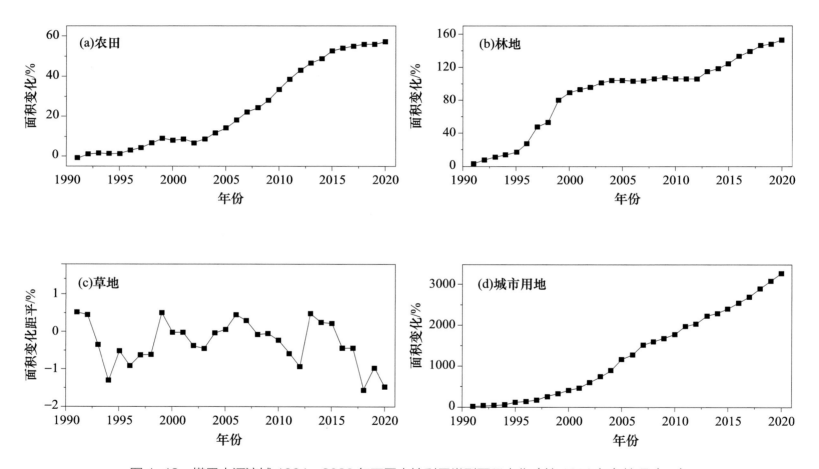

图 1-13　塔里木河流域 1991—2020 年不同土地利用类型面积变化（较 1990 年）情况（一）

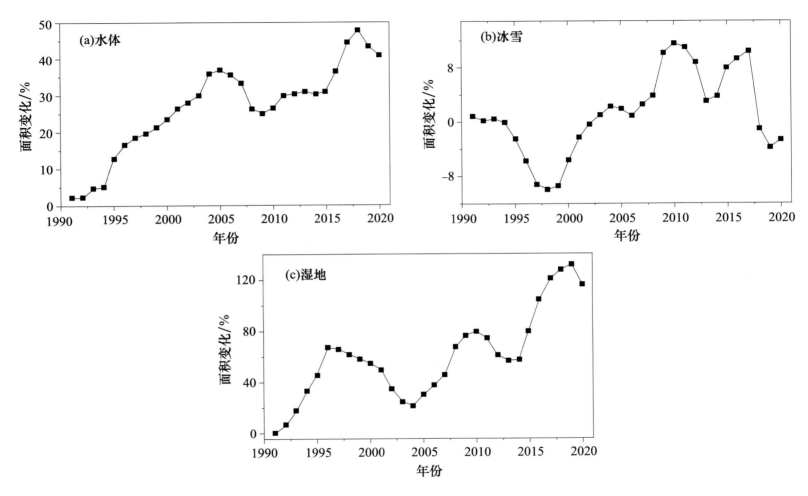

图 1-14 塔里木河流域 1991—2020 年不同土地利用类型面积变化（较 1990 年）情况（二）

# 第二部分

# 结构连通性

　　本部分重点分析了 1990—2020 年塔里木河流域结构连通性每 5 年的时空变化特征，主要反映了土地利用类型变化对流域结构连通性的影响。西北地区暖湿化使得塔里木河流域植被变绿，导致"九源一干"各子流域结构连通性呈不同程度的上升趋势。同时，随着国家实施西部大开发战略的实施，土地利用格局显著改变，耕地扩张、城市用地面积剧增，同时，退耕封育保护等措施的实施使得林地和湿地面积显著增大，导致从 2000 年开始各子流域结构连通性变化显著。其中，塔里木河干流、开都—孔雀河流域、喀什噶尔河流域、和田河流域的结构连通性开始逐年增大。

　　本部分共计 9 幅图，展示了气候变化和人类活动影响下塔里木河流域近 30 年结构连通性的时空变化情况。

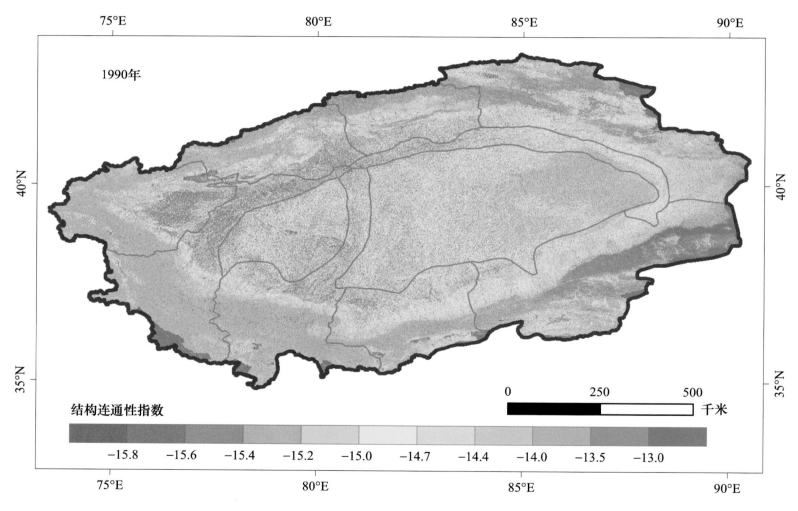

图 2-1　塔里木河流域 1990 年结构连通性空间分布

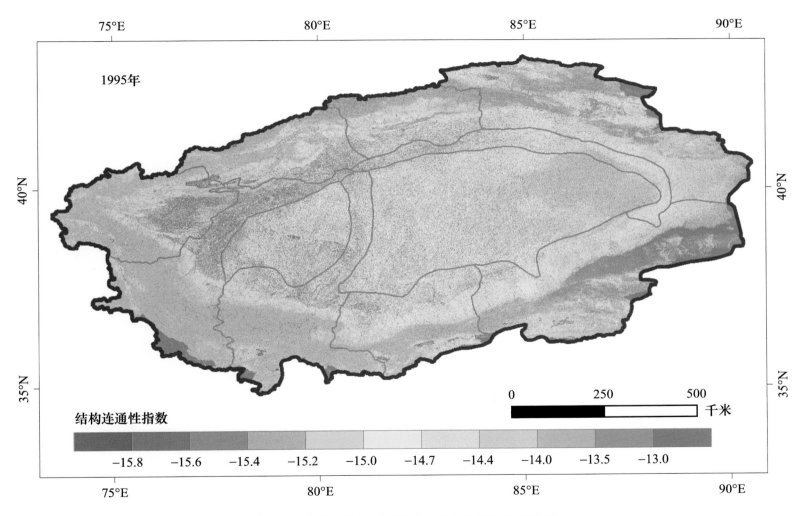

图 2-2  塔里木河流域 1995 年结构连通性空间分布

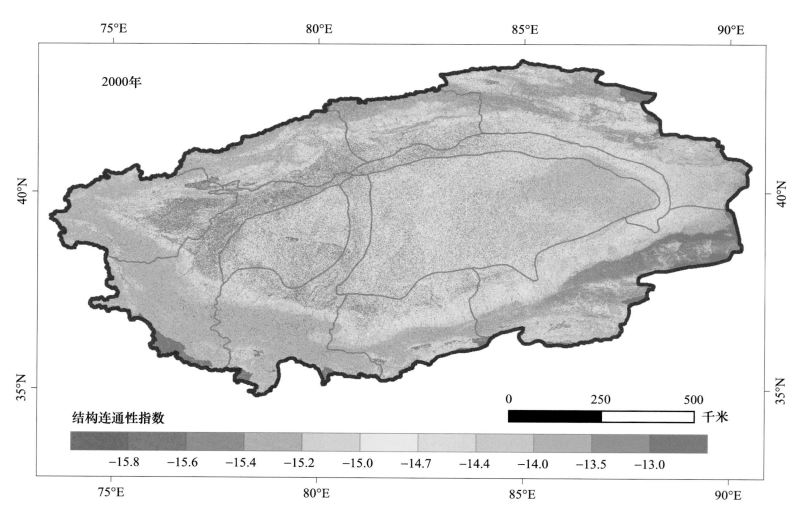

图 2-3　塔里木河流域 2000 年结构连通性空间分布

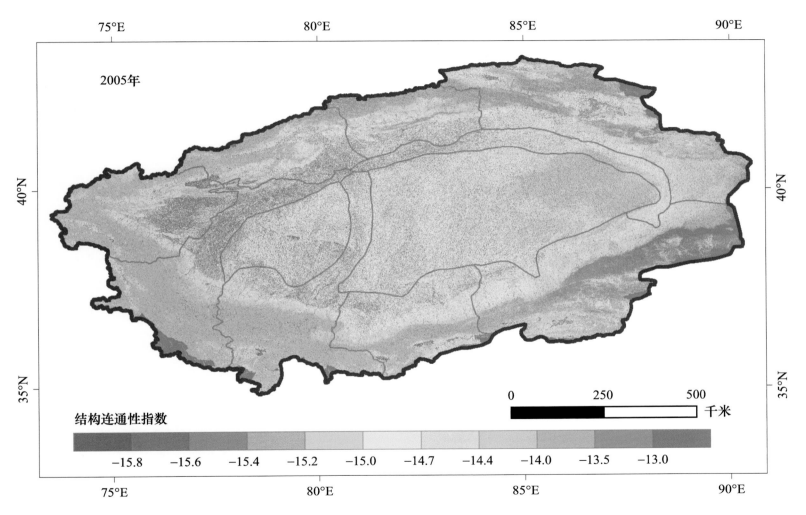

图 2-4 塔里木河流域 2005 年结构连通性空间分布

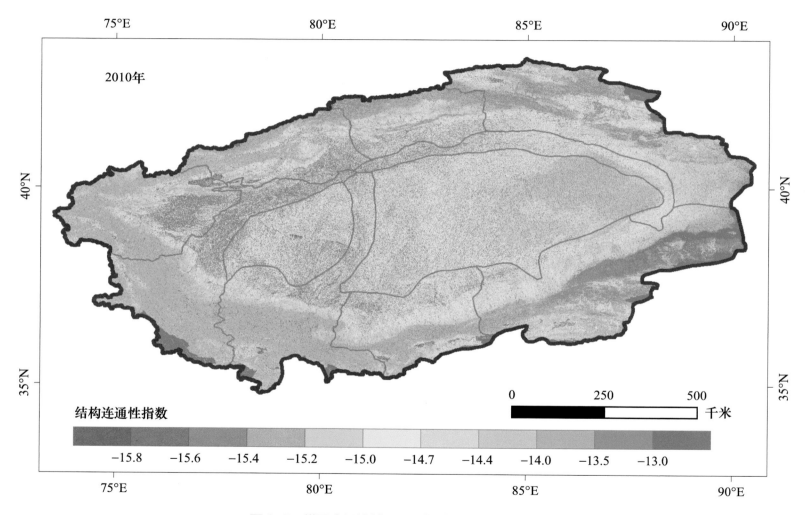

图 2-5　塔里木河流域 2010 年结构连通性空间分布

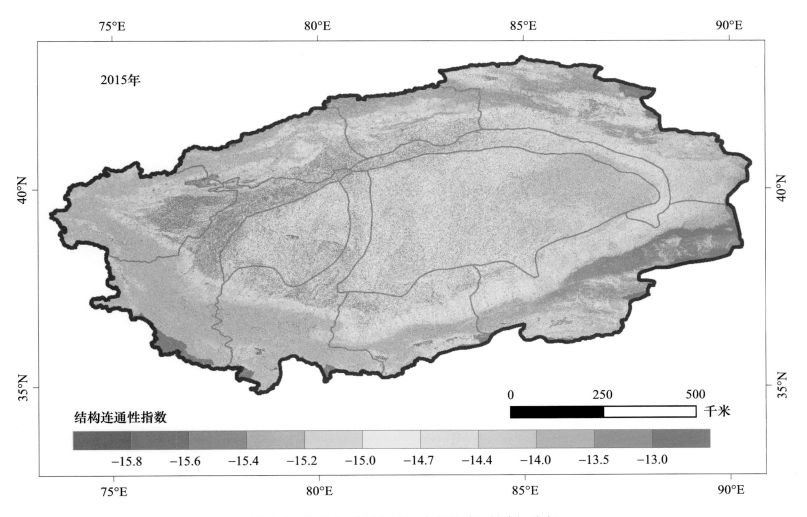

图 2-6　塔里木河流域 2015 年结构连通性空间分布

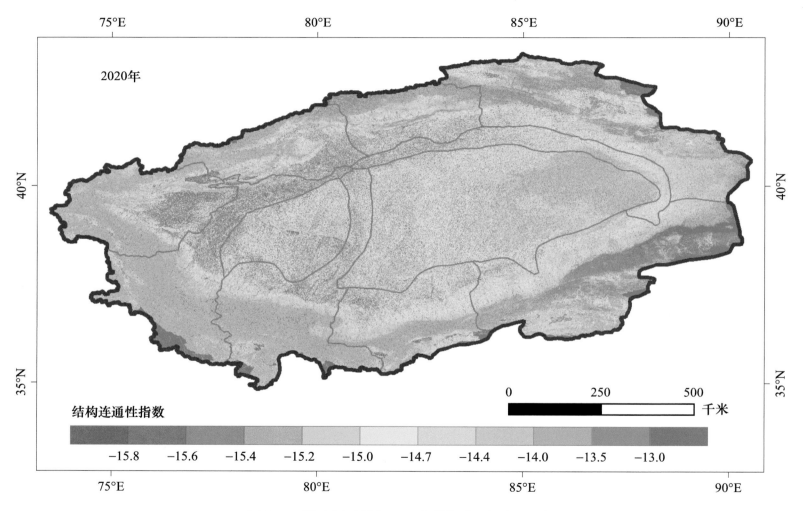

图 2-7　塔里木河流域 2020 年结构连通性空间分布

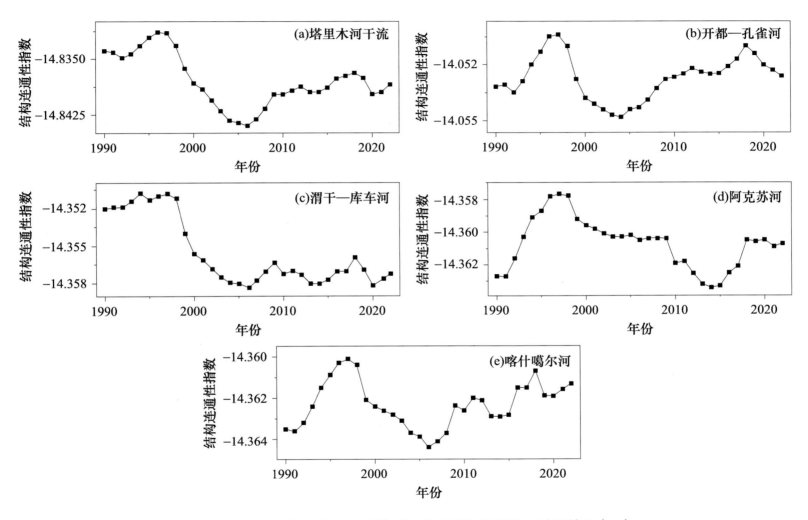

图 2-8　塔里木河流域"九源一干"各子流域结构连通性年际变化特征（一）

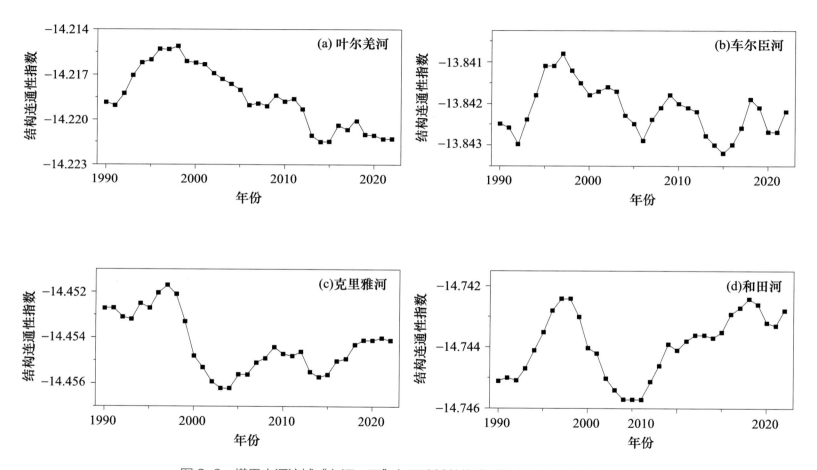

图 2-9　塔里木河流域"九源一干"各子流域结构连通性年际变化特征（二）

第三部分

# 功能连通性

在第二部分结构连通性分析的基础上，本部分进一步分析了 1990—2020 年塔里木河流域"九源一干"各子流域功能连通性指数时空分布特征。全球变暖导致我国西北地区暖湿化明显，塔里木河流域降水频率增加。加之，为保护流域生态环境，挽救下游"绿色走廊"，2001 年开始了为期 10 年的流域综合治理行动，近 20 年向西海子水库下游河道实施二十多次生态输水等活动，多数子流域的河流、湖泊、湿地面积显著增大。但是由于结构连通性变化的时空差异性，导致渭干—库车河流域、和田河流域、车尔臣河流域和克里雅河流域的功能连通性整体呈下降趋势。而在塔里木河干流流域、开都—孔雀河流域、阿克苏河流域、喀什噶尔河流域和叶尔羌河流域，功能连通性存在不同程度上升。

本部分共计 65 幅图，重点展示了气候变化和人类活动影响下塔里木河流域近 30 年河流－湖泊－湿地功能连通性时空变化特征。

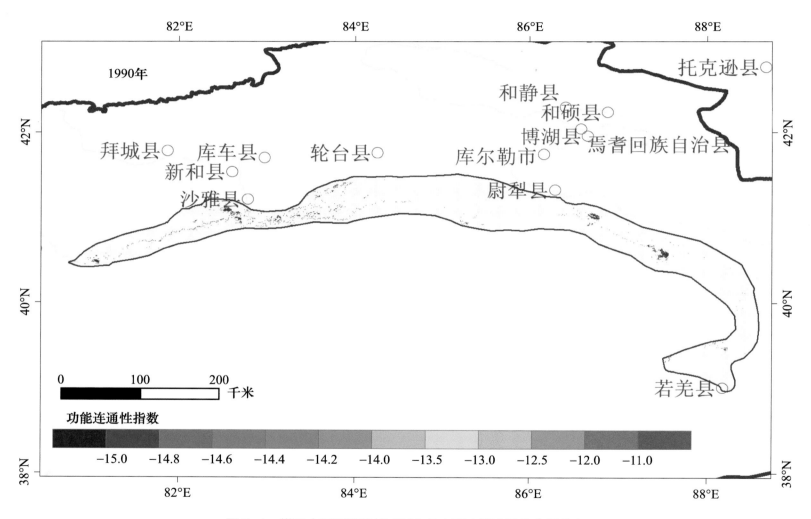

图 3-1　塔里木河干流流域 1990 年水系功能连通性空间分布

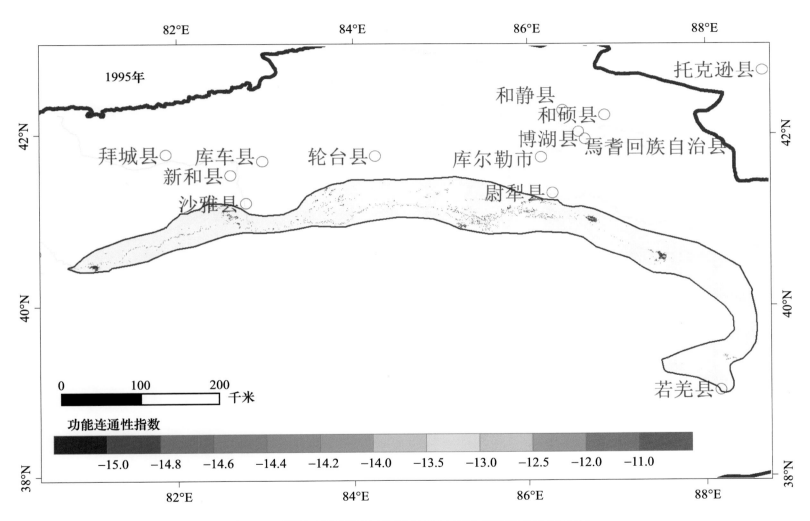

图 3-2 塔里木河干流流域 1995 年水系功能连通性空间分布

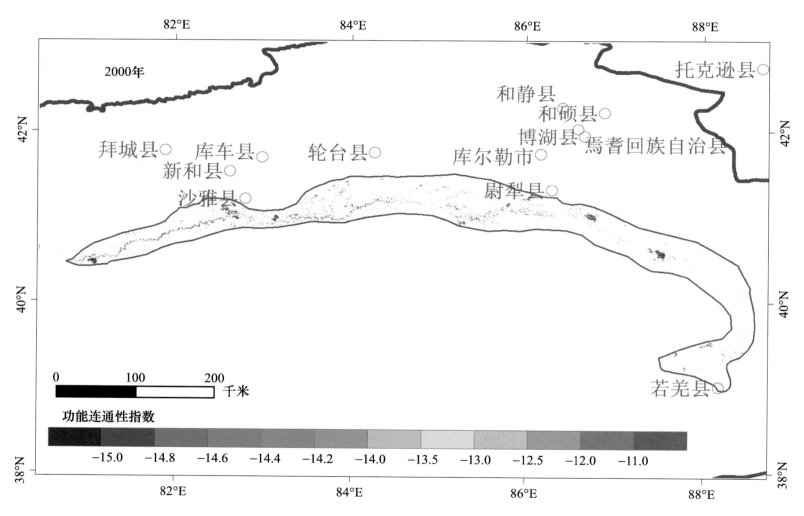

图 3-3　塔里木河干流流域 2000 年水系功能连通性空间分布

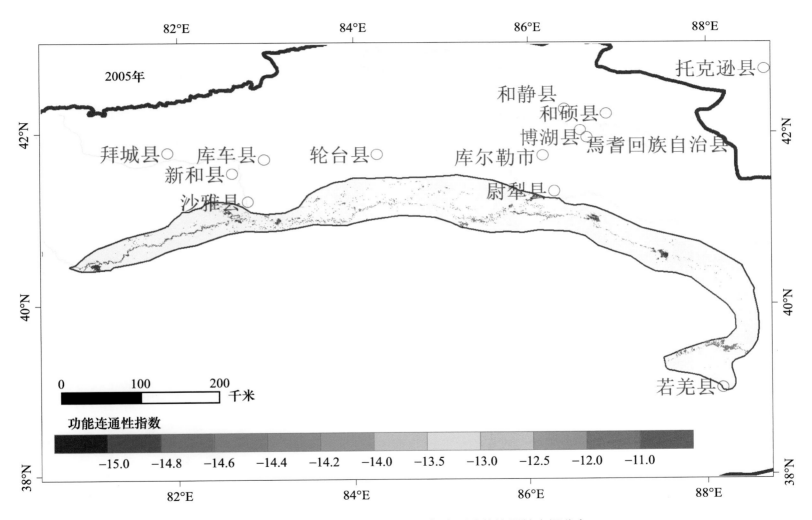

图 3-4 塔里木河干流流域 2005 年水系功能连通性空间分布

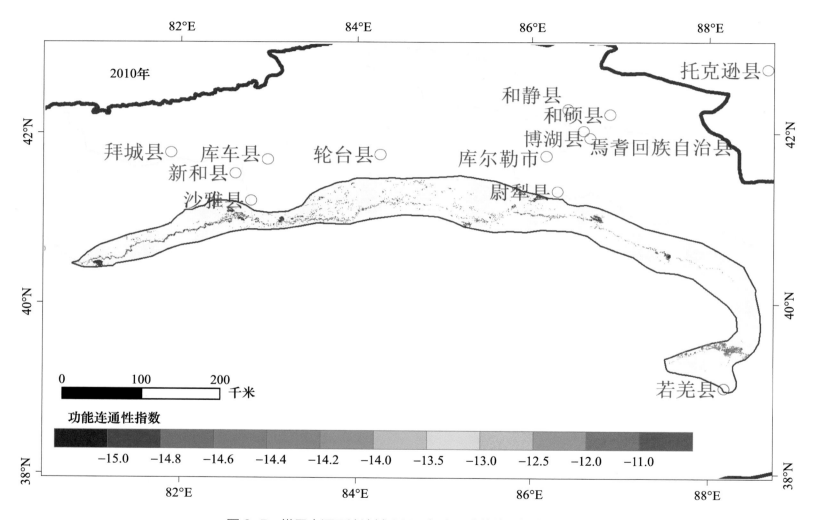

图 3-5 塔里木河干流流域 2010 年水系功能连通性空间分布

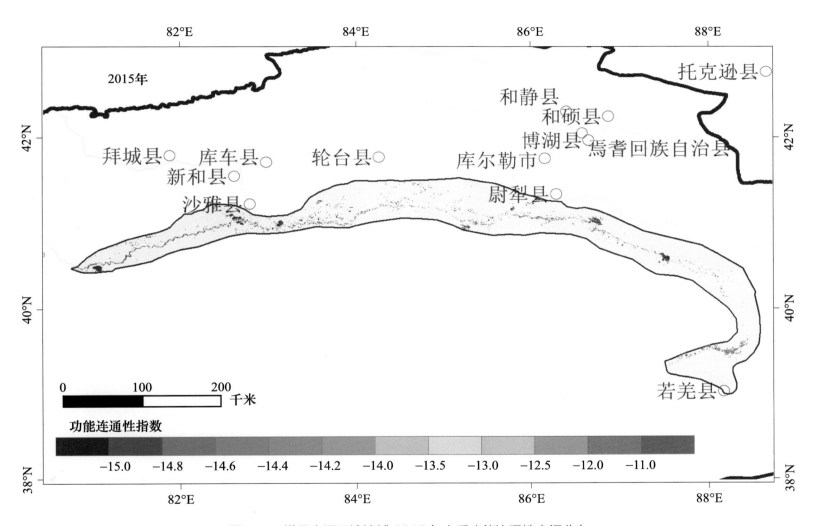

图 3-6　塔里木河干流流域 2015 年水系功能连通性空间分布

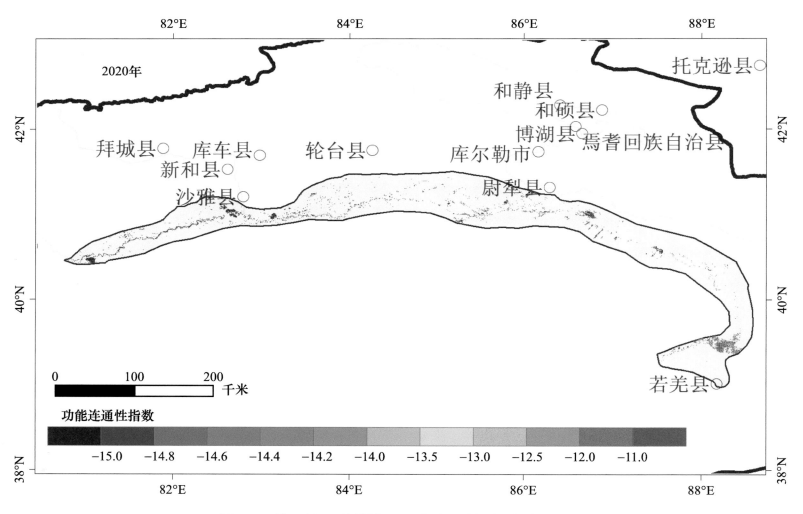

图 3-7　塔里木河干流流域 2020 年水系功能连通性空间分布

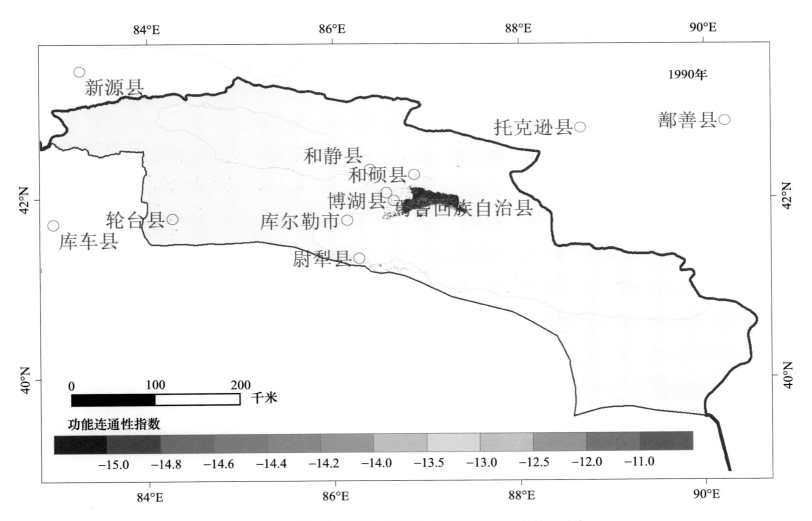

图 3-8　开都—孔雀河流域 1990 年水系功能连通性空间分布

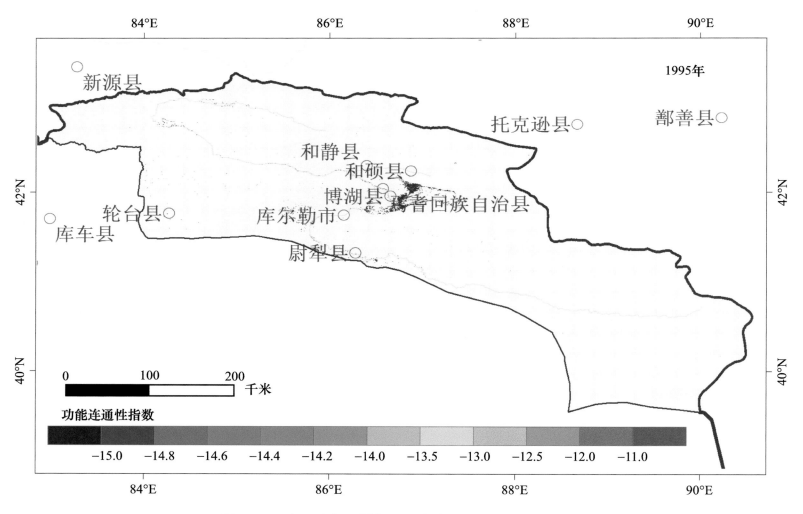

图 3-9　开都—孔雀河流域 1995 年水系功能连通性空间分布

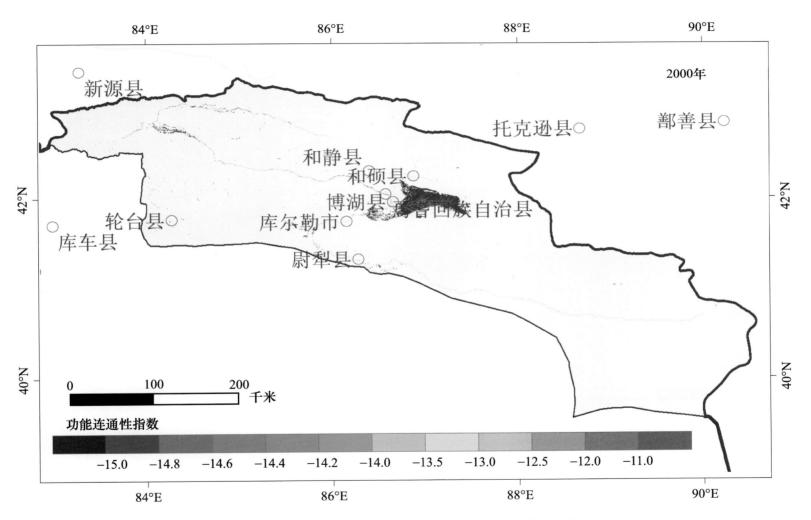

图 3-10　开都—孔雀河流域 2000 年水系功能连通性空间分布

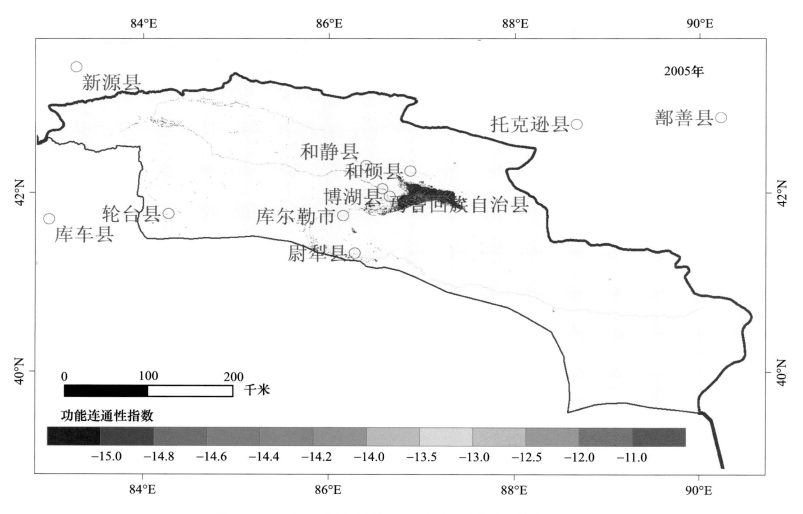

图 3-11　开都—孔雀河流域 2005 年水系功能连通性空间分布

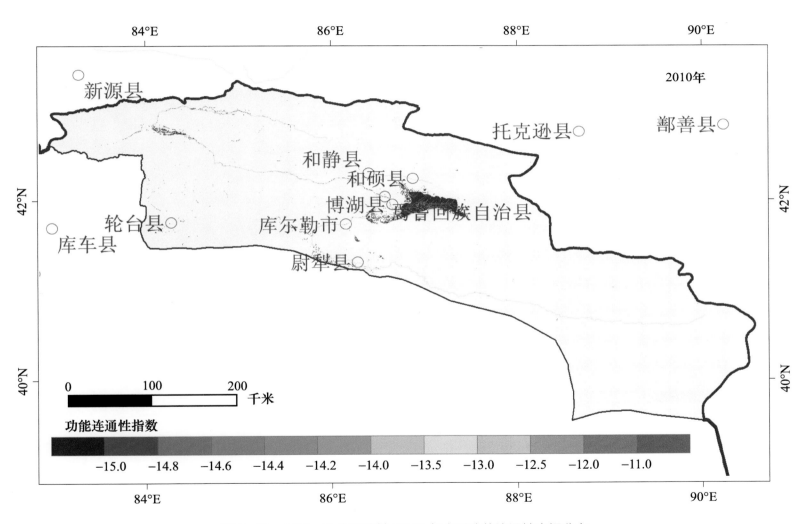

图 3-12　开都—孔雀河流域 2010 年水系功能连通性空间分布

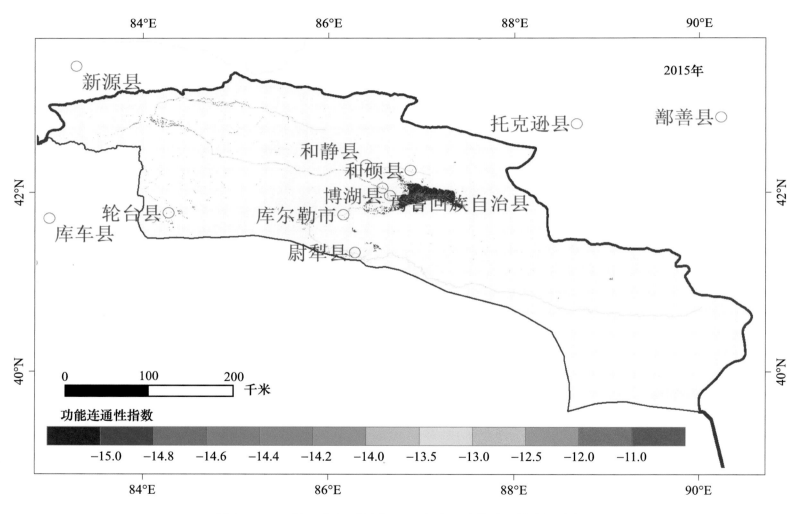

图 3-13　开都—孔雀河流域 2015 年水系功能连通性空间分布

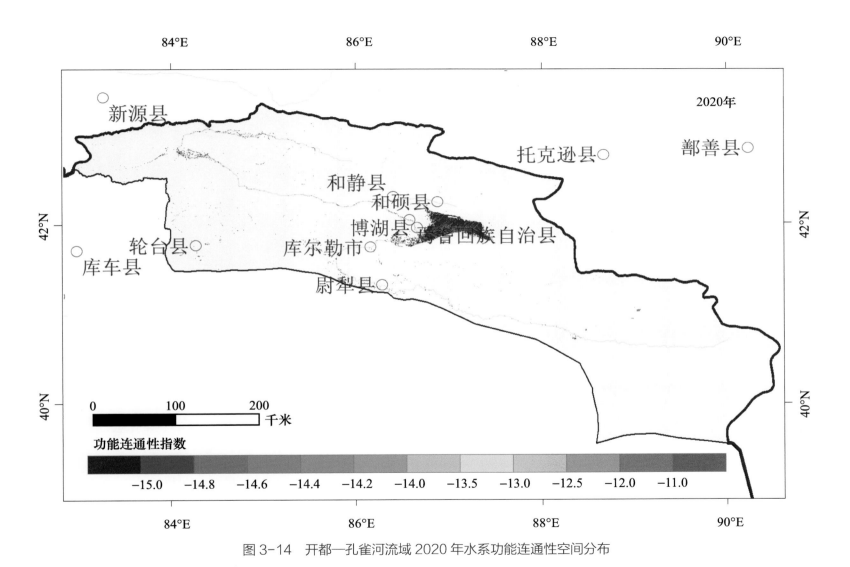

图 3-14　开都—孔雀河流域 2020 年水系功能连通性空间分布

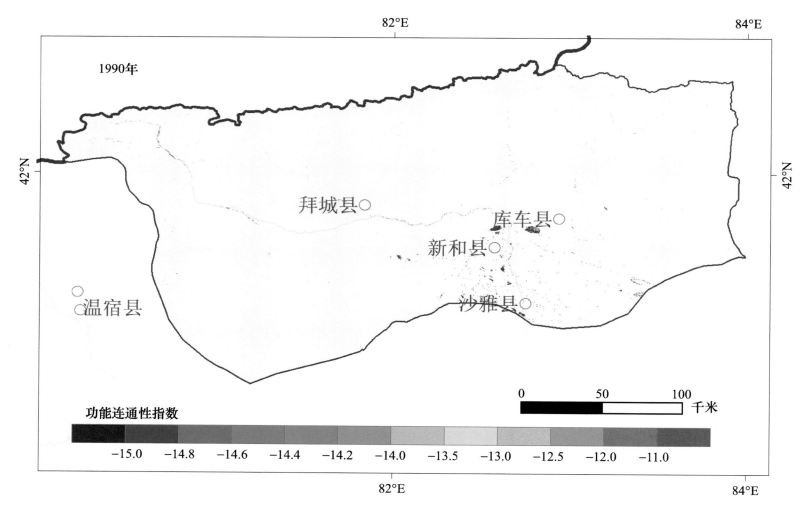

图 3-15　渭干—库车河流域 1990 年水系功能连通性空间分布

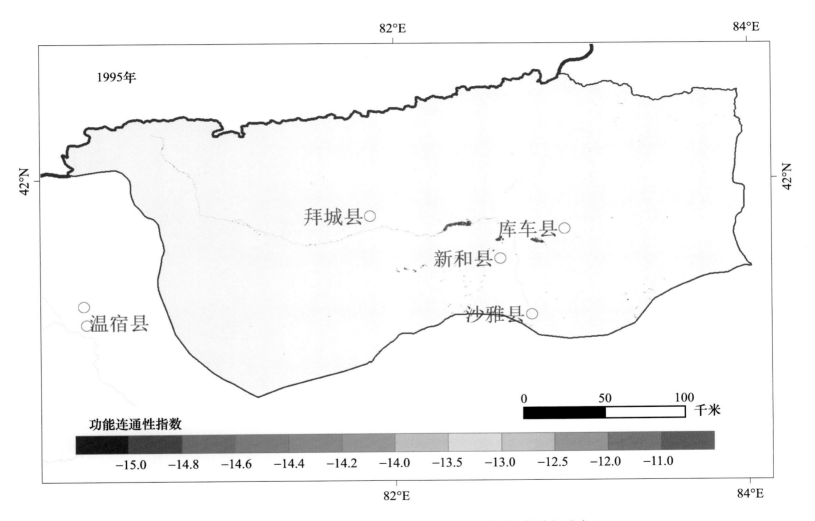

图 3-16　渭干—库车河流域 1995 年水系功能连通性空间分布

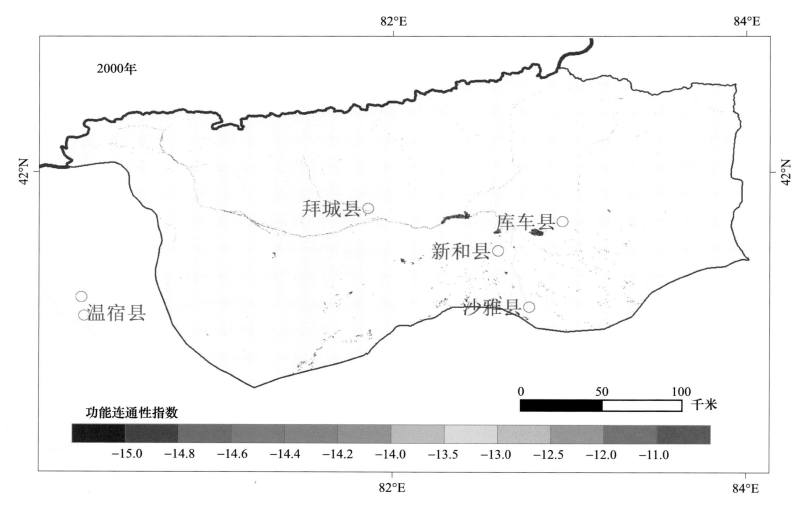

图 3-17　渭干—库车河流域 2000 年水系功能连通性空间分布

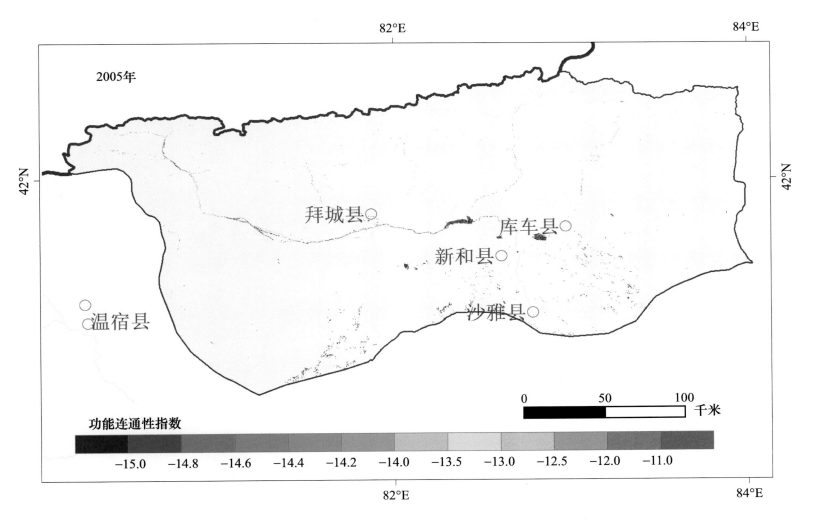

图 3-18　渭干—库车河流域 2005 年水系功能连通性空间分布

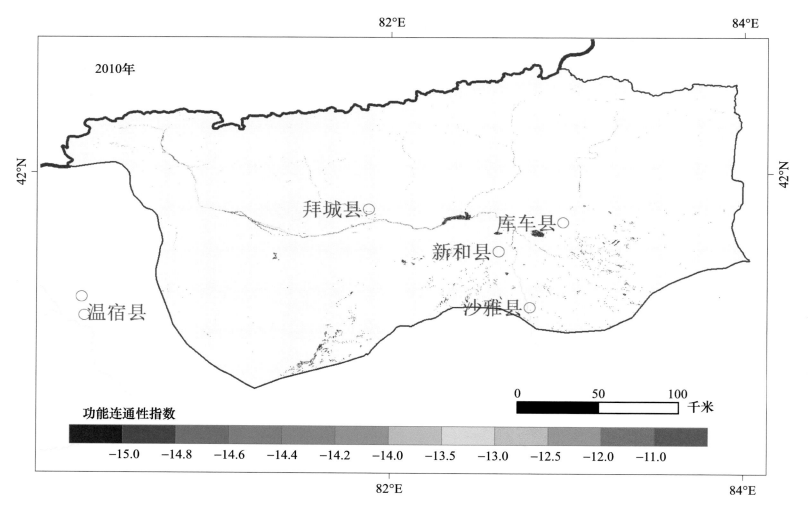

图 3-19 渭干—库车河流域 2010 年水系功能连通性空间分布

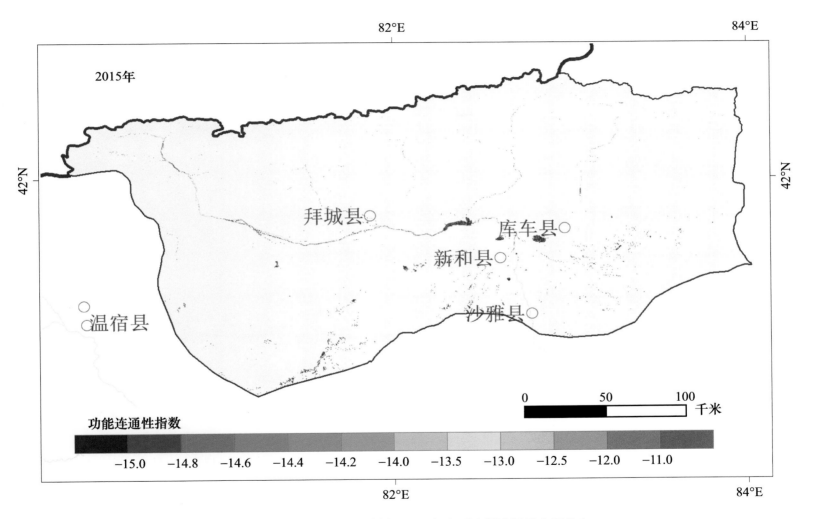

图 3-20  渭干—库车河流域 2015 年水系功能连通性空间分布

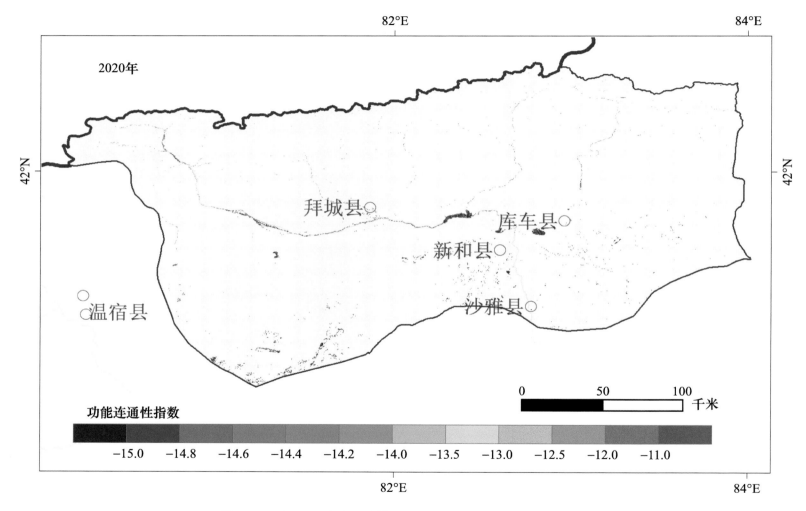

图 3-21  渭干—库车河流域 2020 年水系功能连通性空间分布

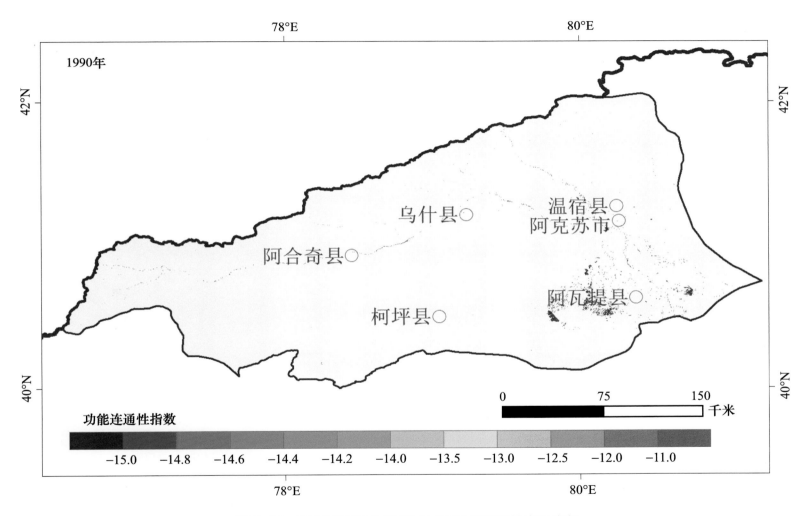

图 3-22 阿克苏河流域 1990 年水系功能连通性空间分布

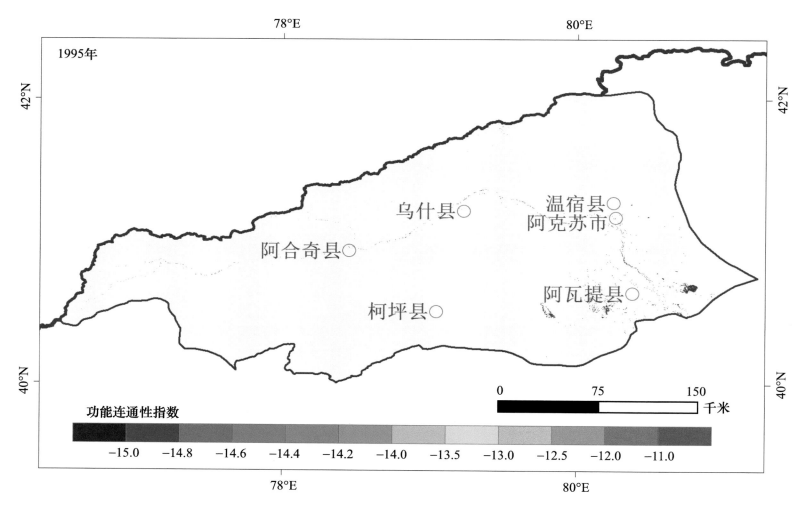

图 3-23　阿克苏河流域 1995 年水系功能连通性空间分布

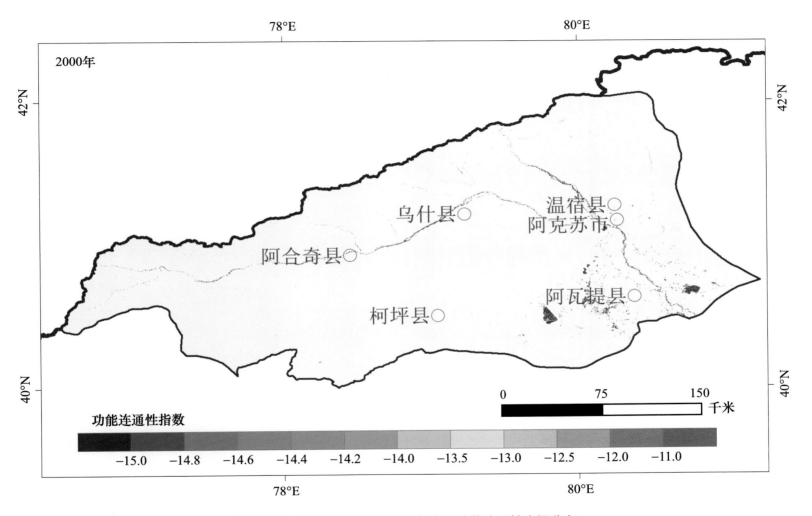

图 3-24 阿克苏河流域 2000 年水系功能连通性空间分布

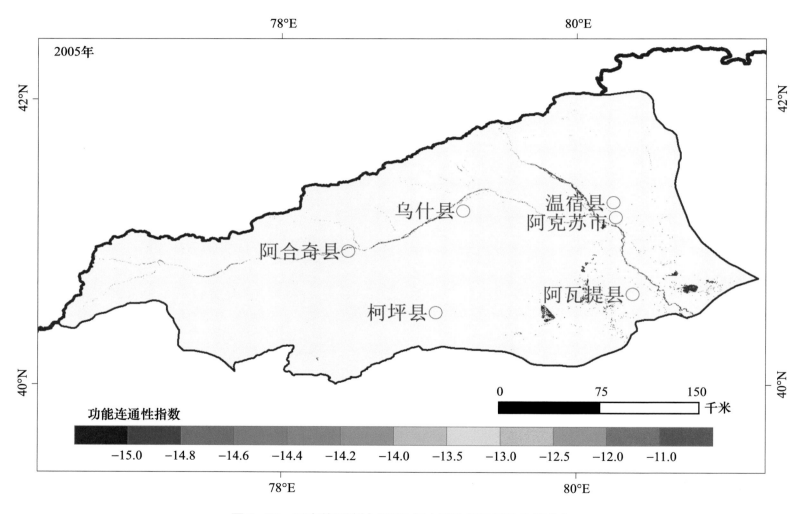

图 3-25　阿克苏河流域 2005 年水系功能连通性空间分布

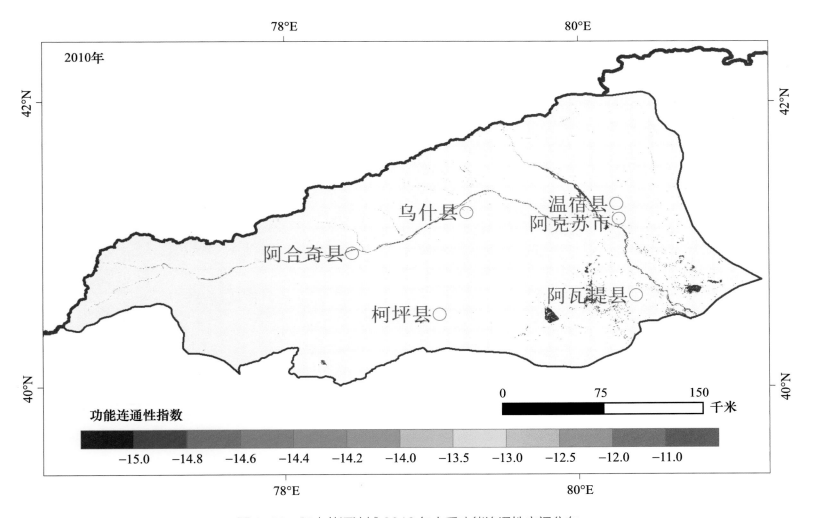

图 3-26　阿克苏河流域 2010 年水系功能连通性空间分布

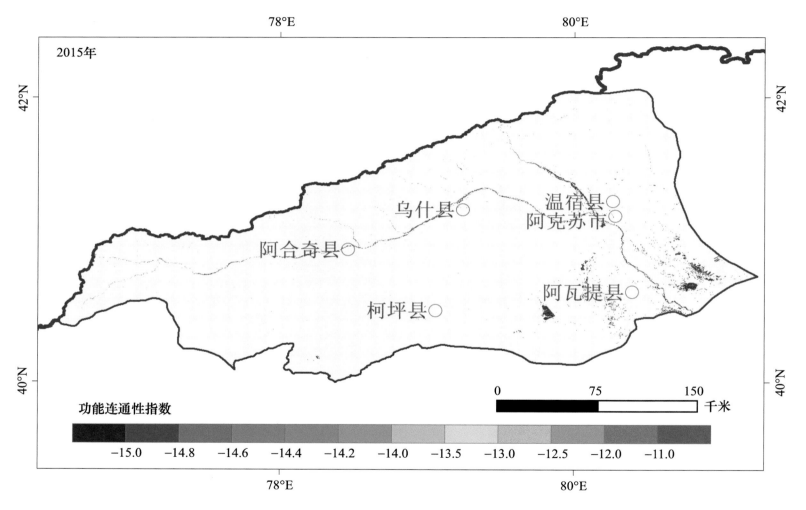

图 3-27　阿克苏河流域 2015 年水系功能连通性空间分布

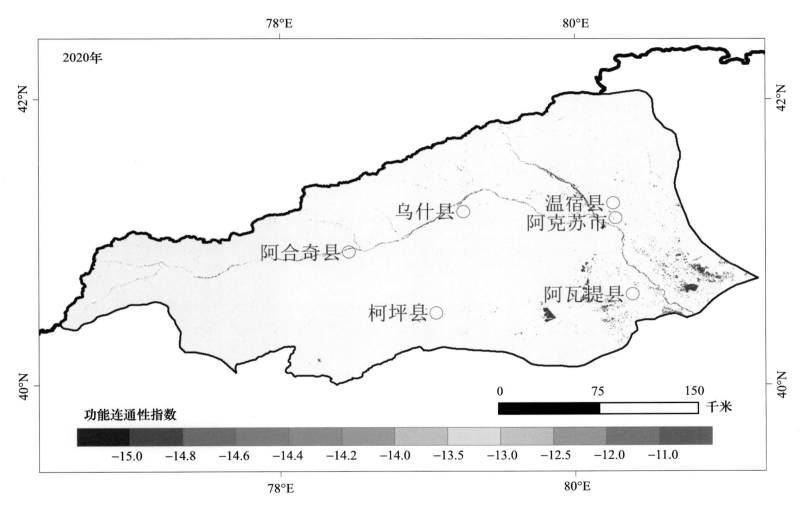

图 3-28　阿克苏河流域 2020 年水系功能连通性空间分布

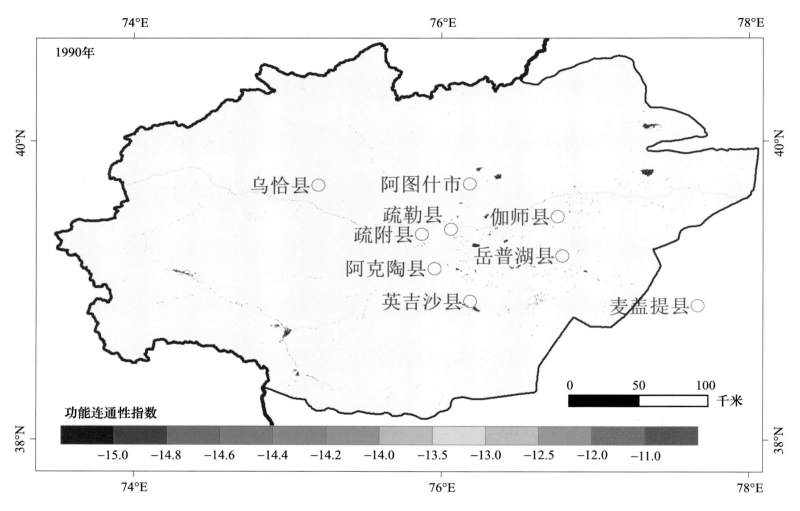

图 3-29　喀什噶尔河流域 1990 年水系功能连通性空间分布

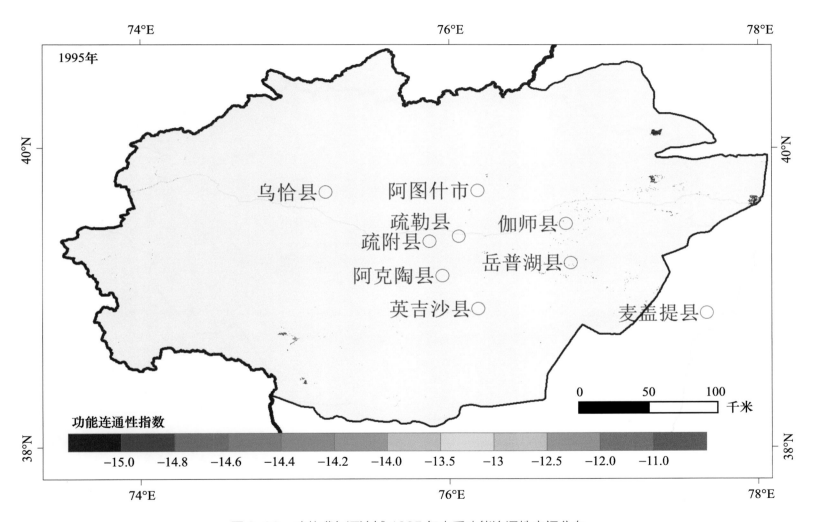

图3-30 喀什噶尔河流域 1995 年水系功能连通性空间分布

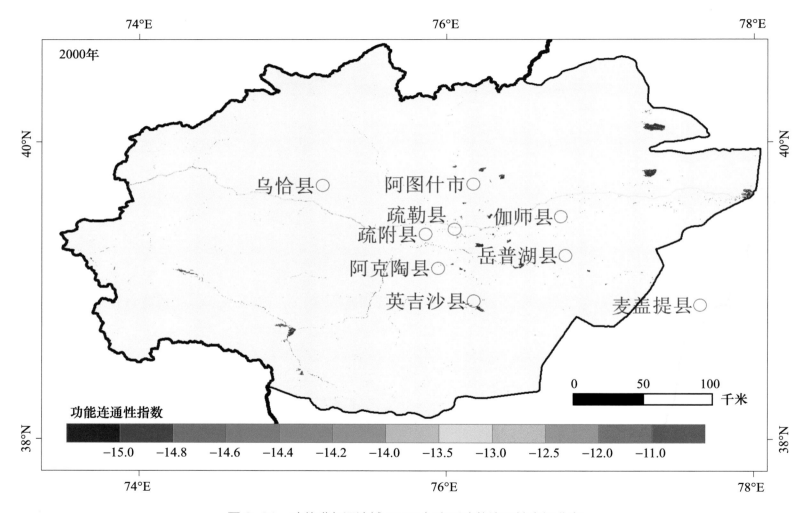

图 3-31　喀什噶尔河流域 2000 年水系功能连通性空间分布

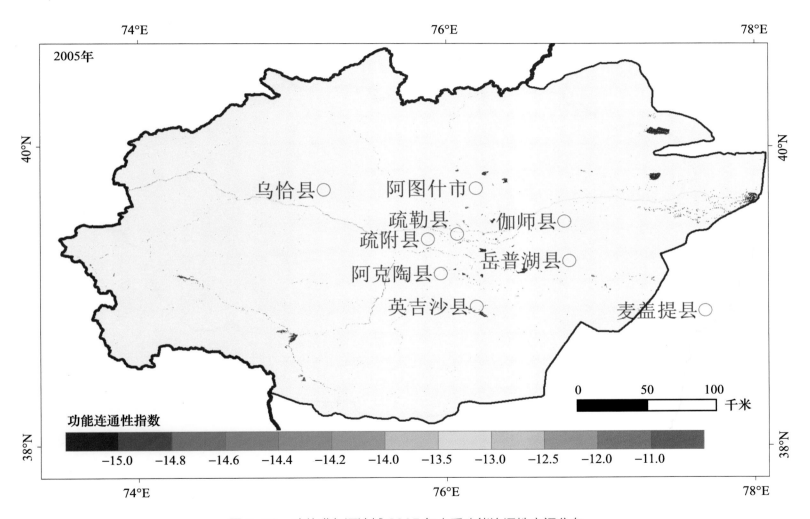

图 3-32 喀什噶尔河流域 2005 年水系功能连通性空间分布

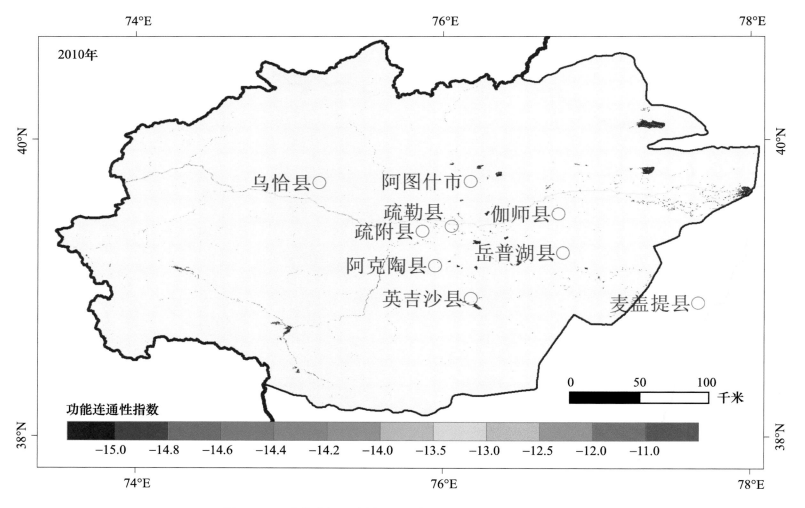

图 3-33　喀什噶尔河流域 2010 年水系功能连通性空间分布

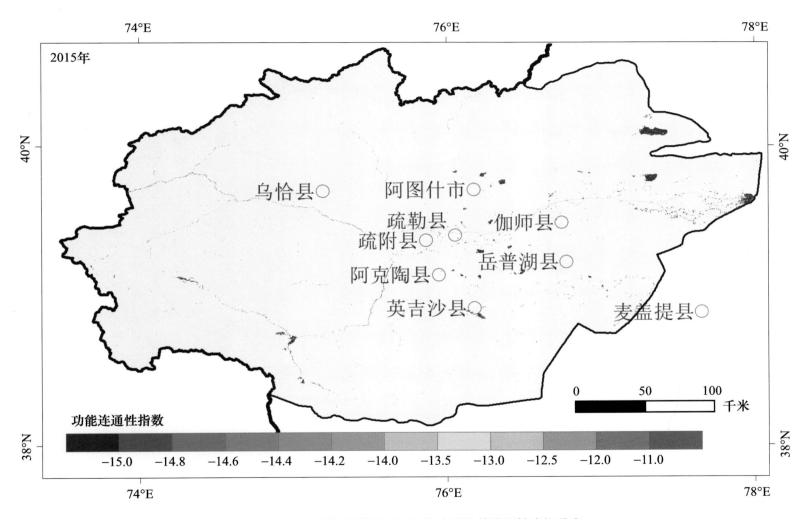

图 3-34 喀什噶尔河流域 2015 年水系功能连通性空间分布

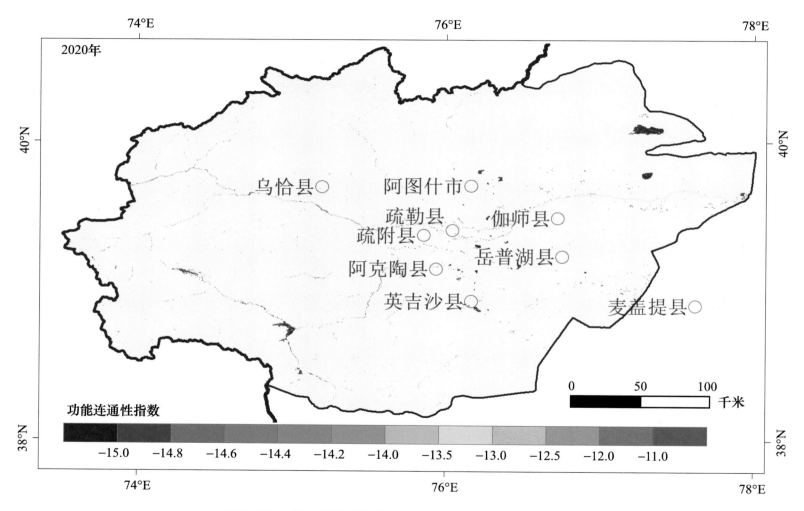

图 3-35　喀什噶尔河流域 2020 年水系功能连通性空间分布

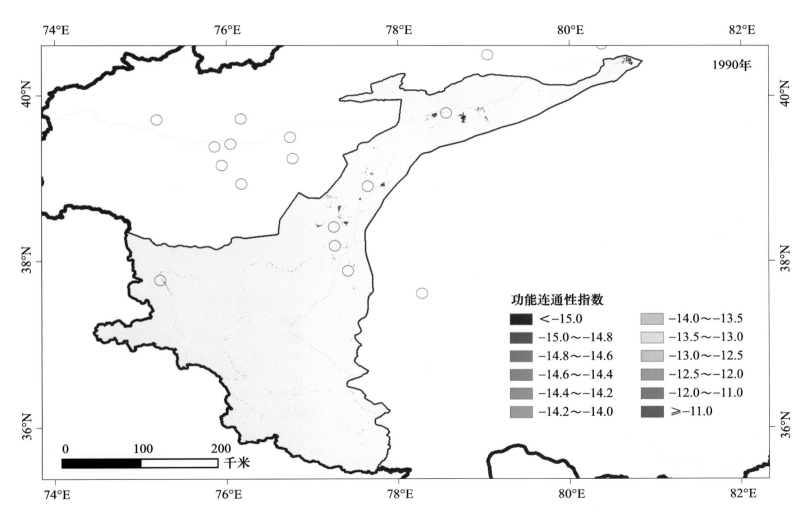

图 3-36 叶尔羌河流域 1990 年水系功能连通性空间分布

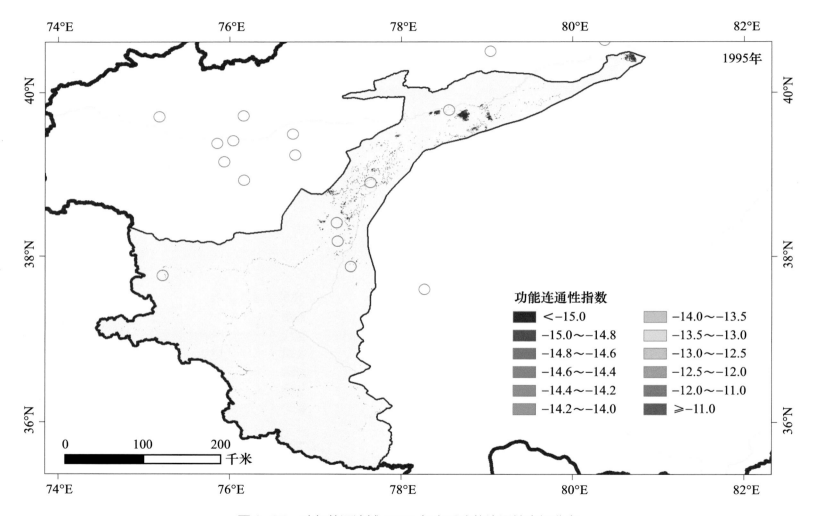

图 3-37 叶尔羌河流域 1995 年水系功能连通性空间分布

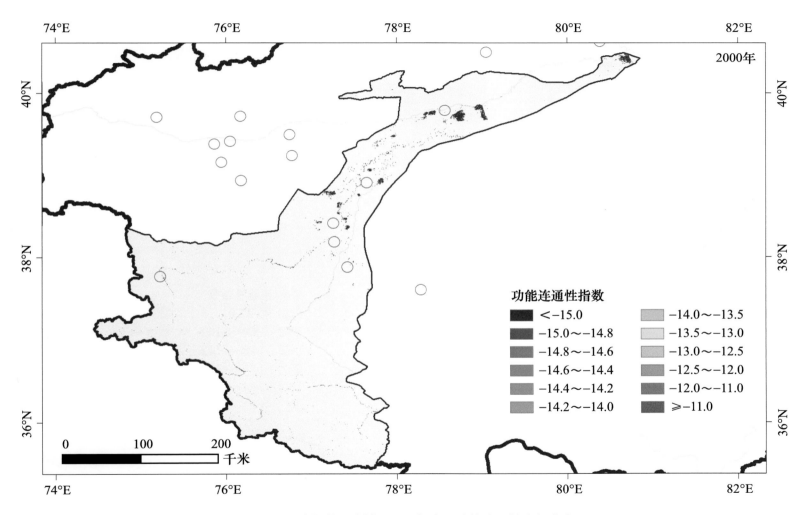

图 3-38 叶尔羌河流域 2000 年水系功能连通性空间分布

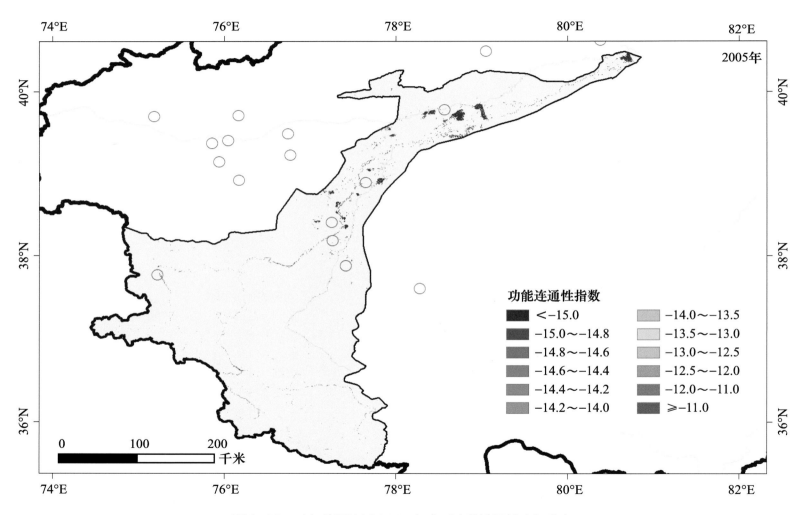

图 3-39　叶尔羌河流域 2005 年水系功能连通性空间分布

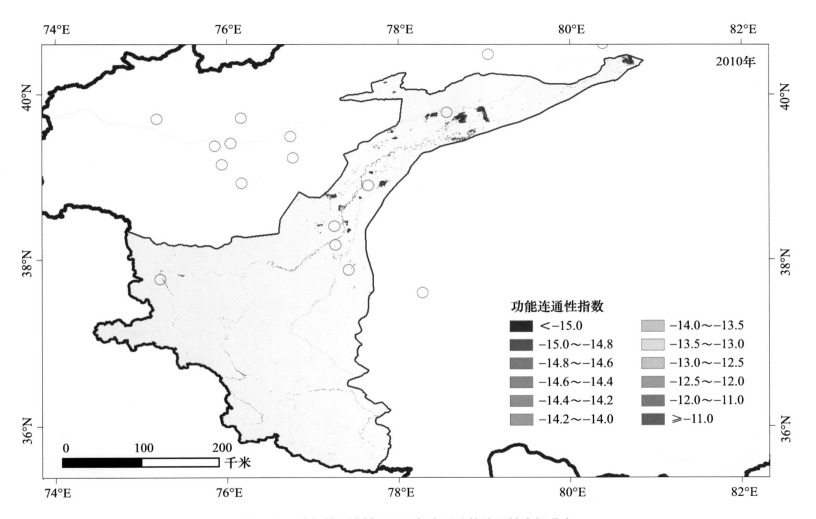

图 3-40　叶尔羌河流域 2010 年水系功能连通性空间分布

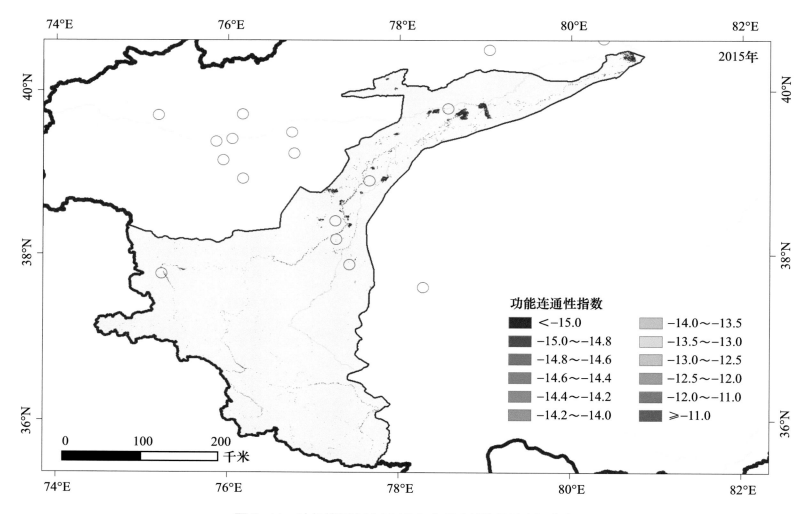

图 3-41 叶尔羌河流域 2015 年水系功能连通性空间分布

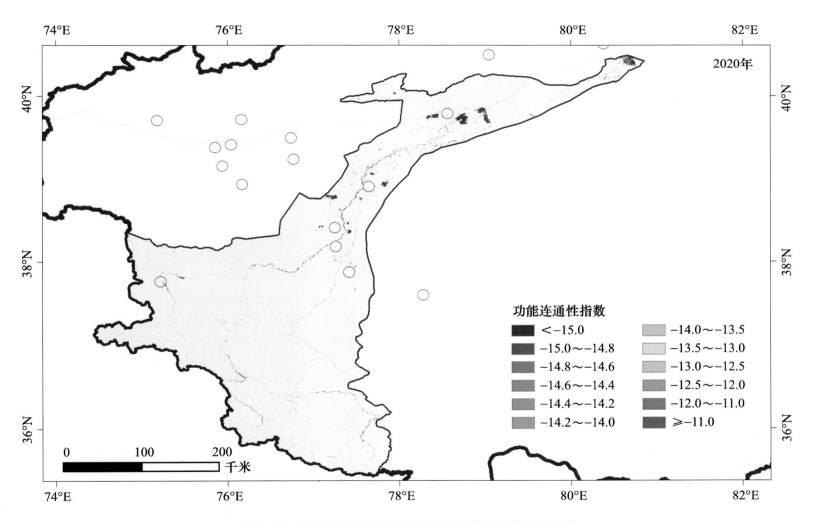

图 3-42　叶尔羌河流域 2020 年水系功能连通性空间分布

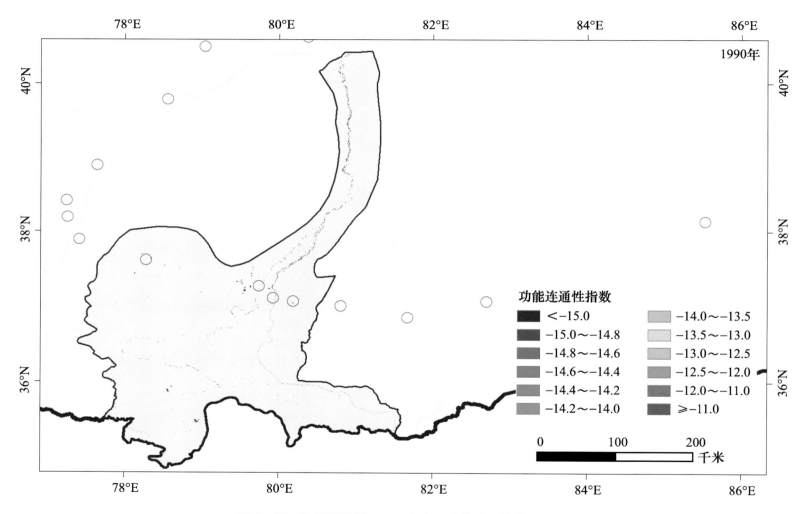

图 3-43　和田河流域 1990 年水系功能连通性空间分布

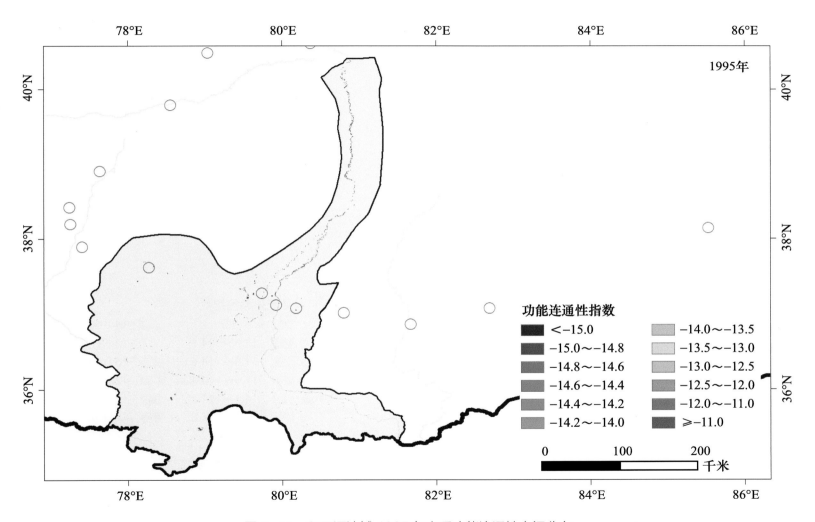

图 3-44　和田河流域 1995 年水系功能连通性空间分布

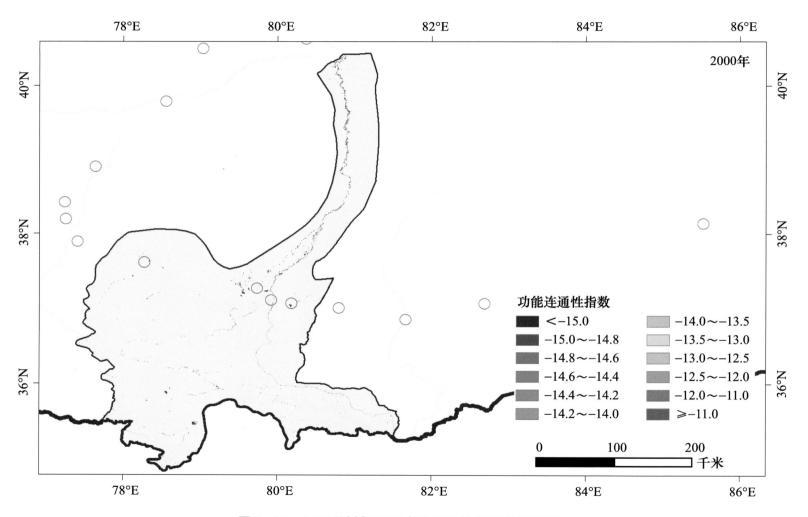

图 3-45　和田河流域 2000 年水系功能连通性空间分布

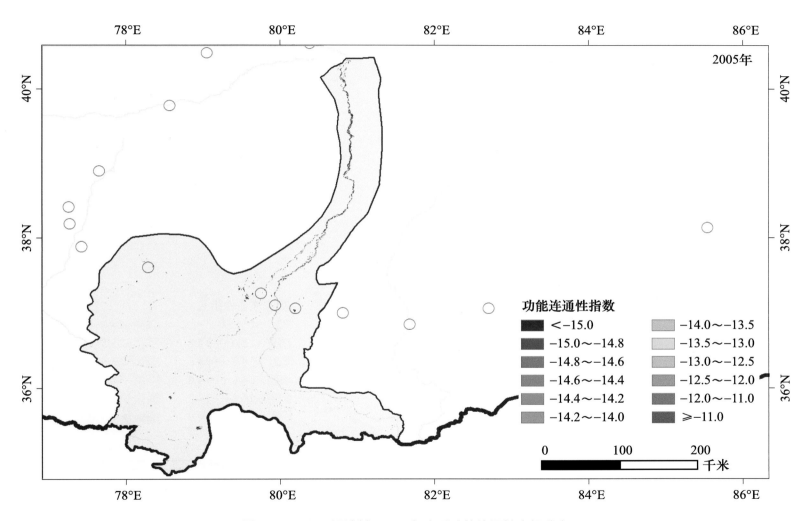

图 3-46　和田河流域 2005 年水系功能连通性空间分布

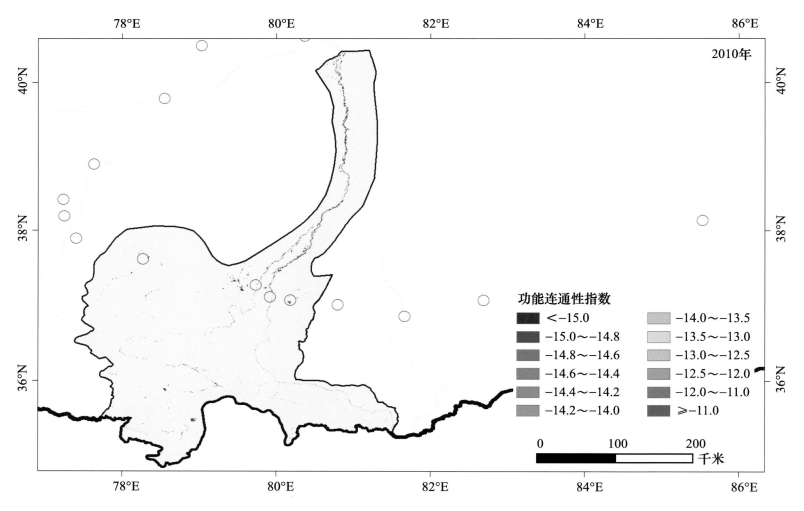

图 3-47　和田河流域 2010 年水系功能连通性空间分布

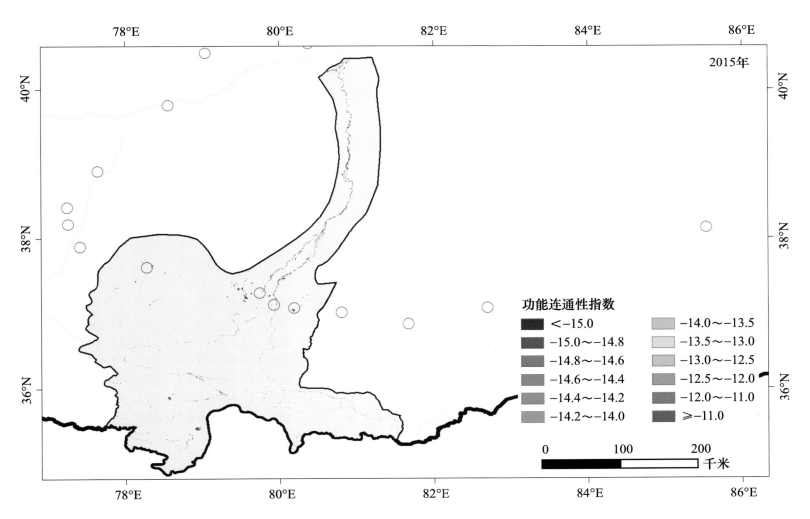

图 3-48　和田河流域 2015 年水系功能连通性空间分布

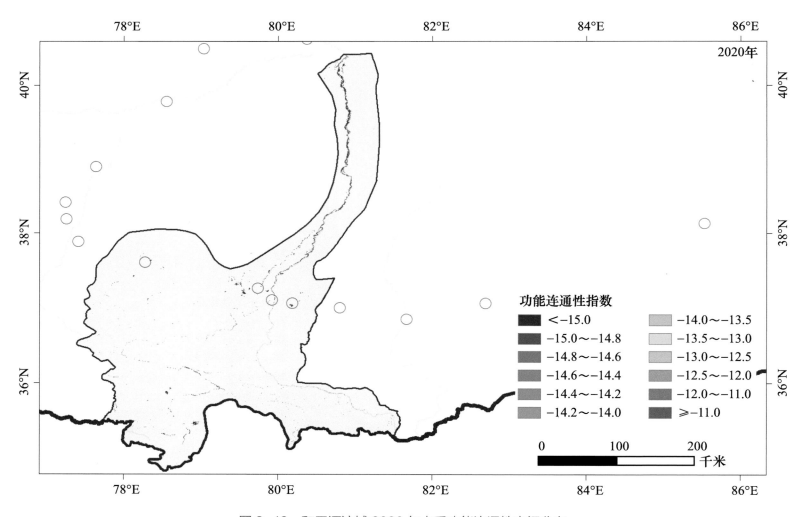

图 3-49　和田河流域 2020 年水系功能连通性空间分布

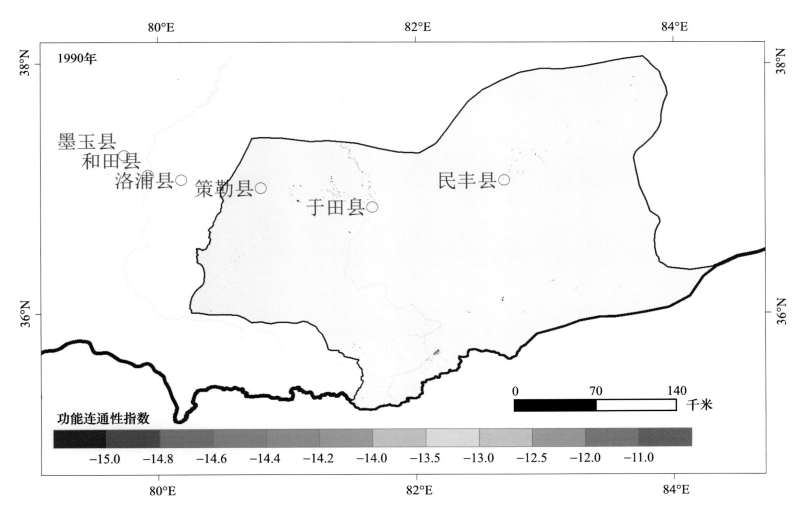

图 3-50 克里雅河流域 1990 年水系功能连通性空间分布

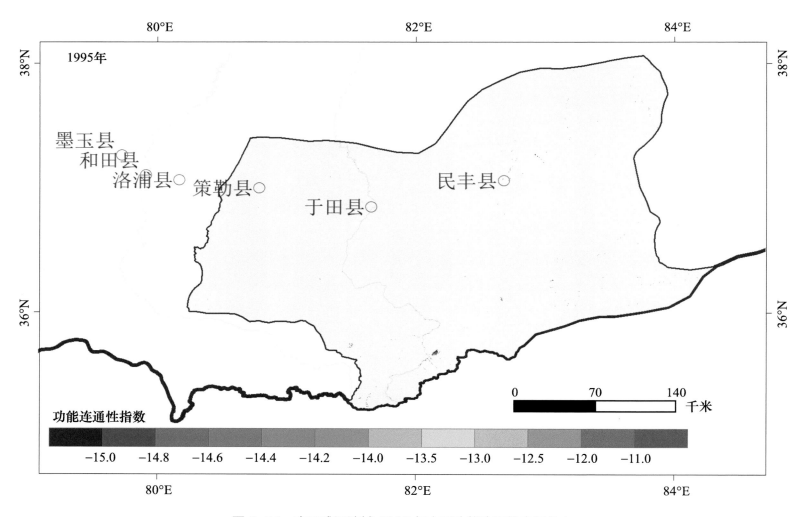

图 3-51　克里雅河流域 1995 年水系功能连通性空间分布

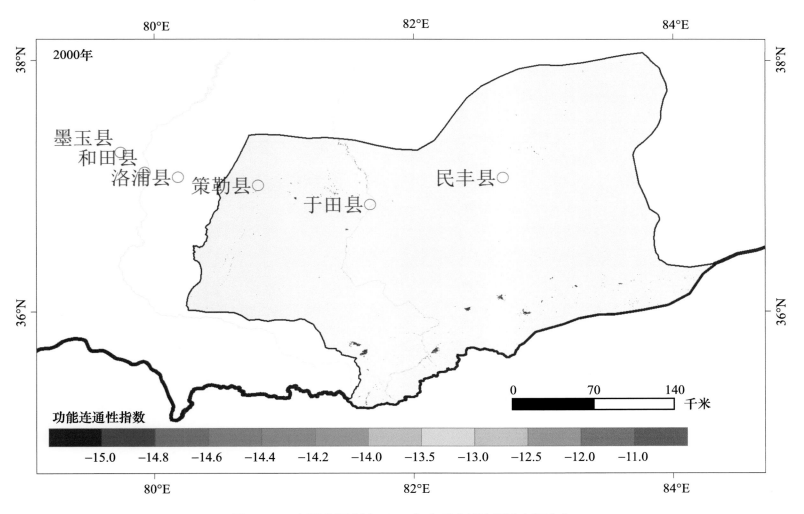

图 3-52　克里雅河流域 2000 年水系功能连通性空间分布

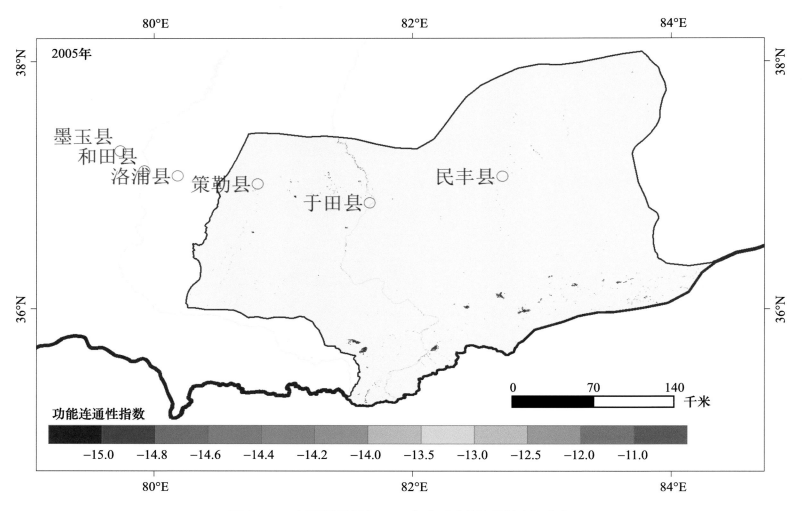

图 3-53  克里雅河流域 2005 年水系功能连通性空间分布

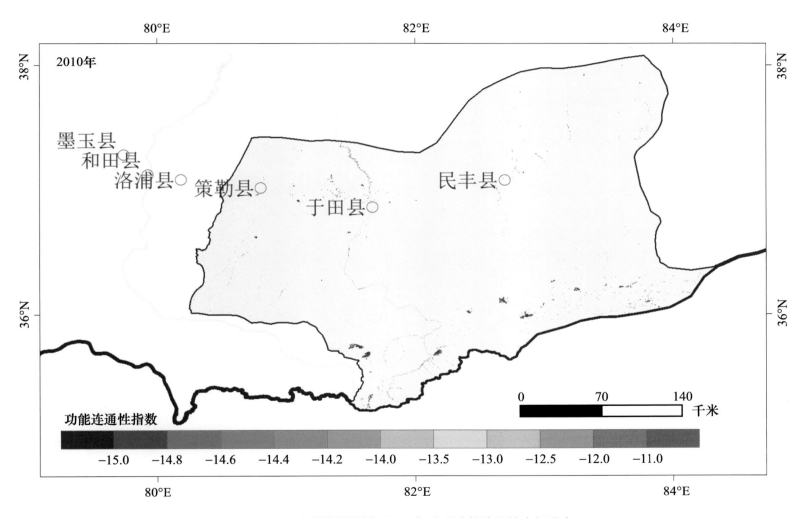

图 3-54　克里雅河流域 2010 年水系功能连通性空间分布

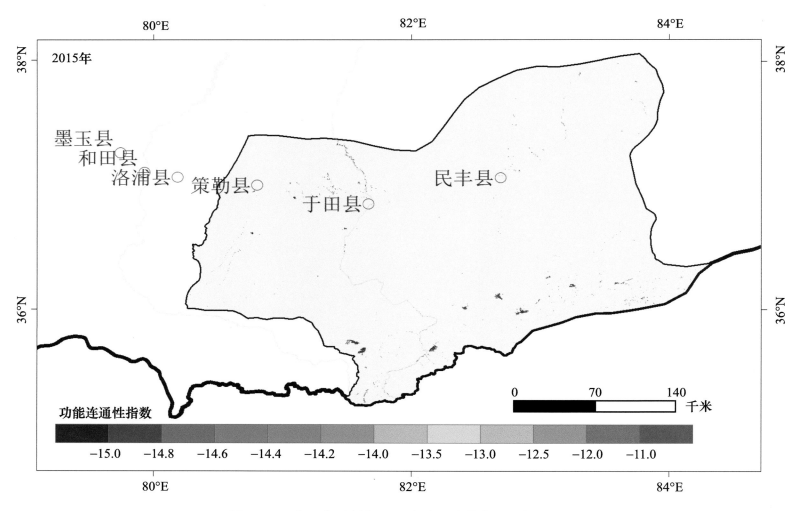

图 3-55　克里雅河流域 2015 年水系功能连通性空间分布

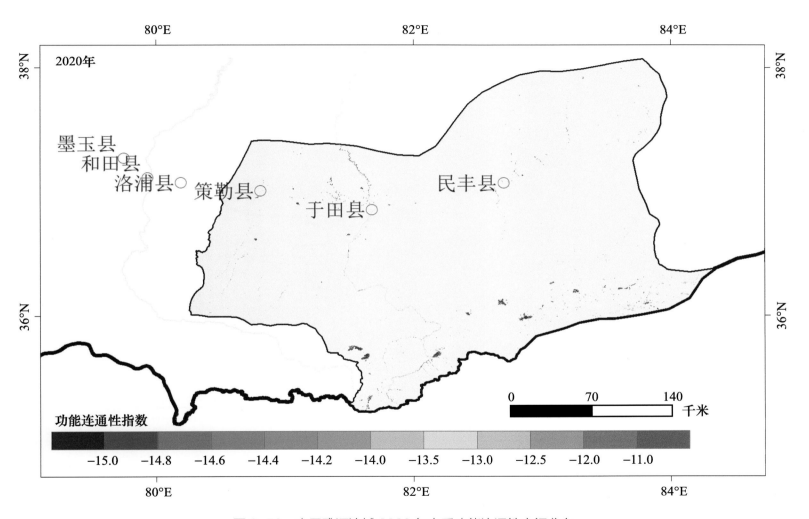

图 3-56 克里雅河流域 2020 年水系功能连通性空间分布

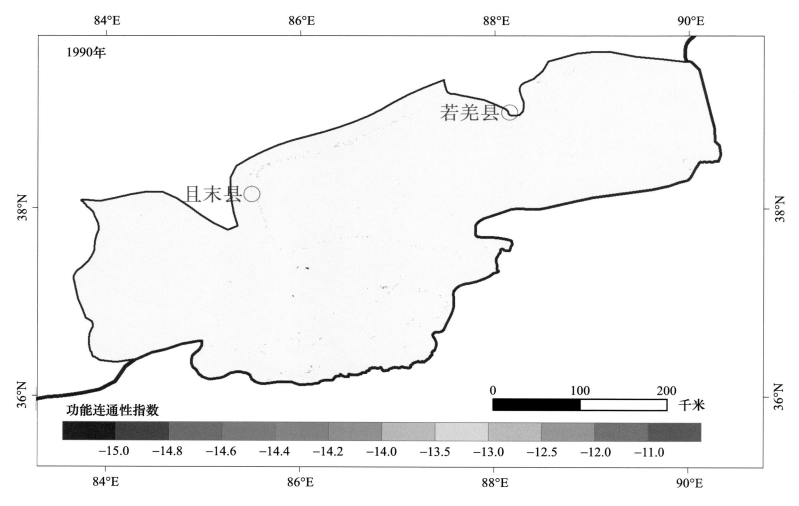

图 3-57　车尔臣河流域 1990 年水系功能连通性空间分布

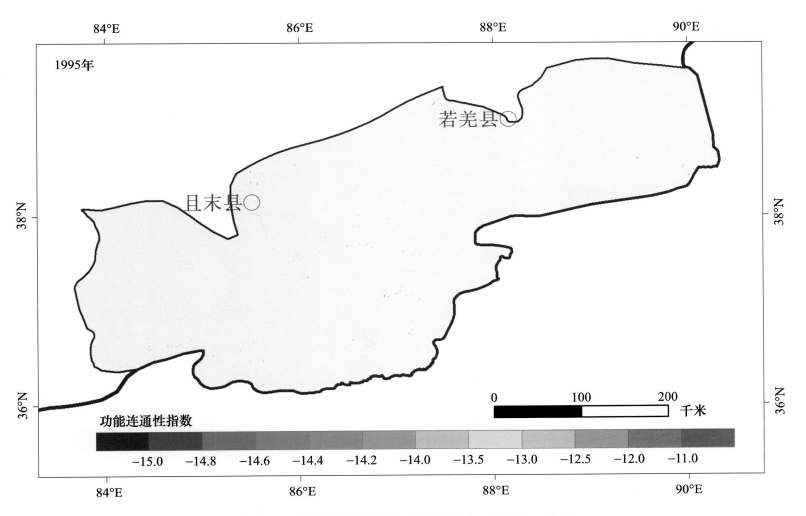

图 3-58　车尔臣河流域 1995 年水系功能连通性空间分布

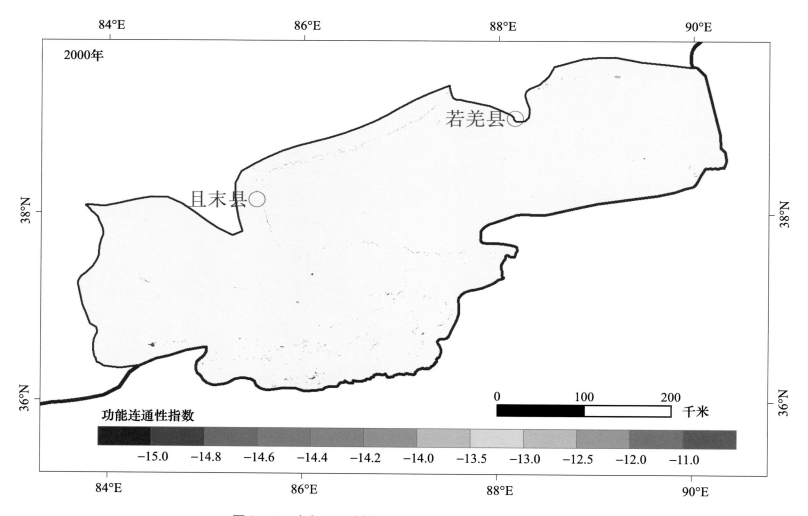

图 3-59　车尔臣河流域 2000 年水系功能连通性空间分布

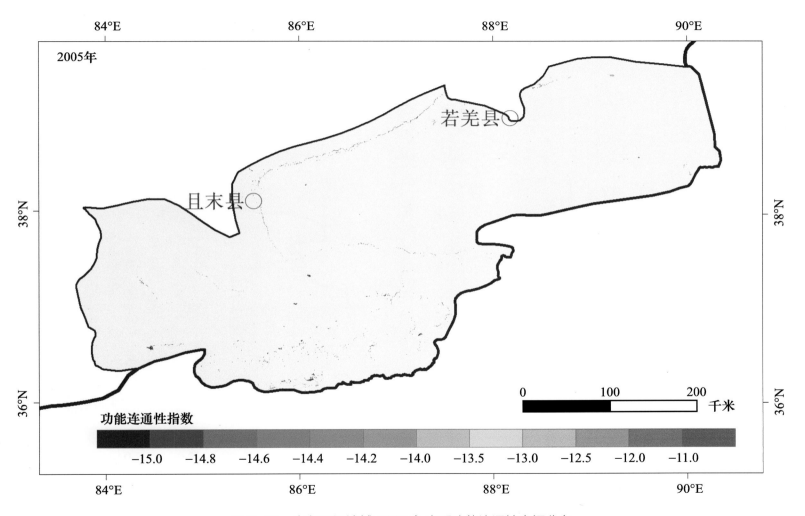

图 3-60　车尔臣河流域 2005 年水系功能连通性空间分布

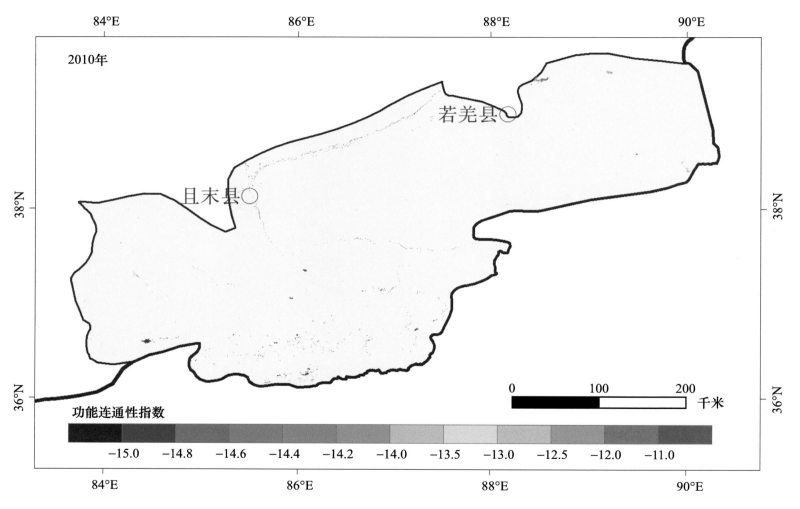

图 3-61　车尔臣河流域 2010 年水系功能连通性空间分布

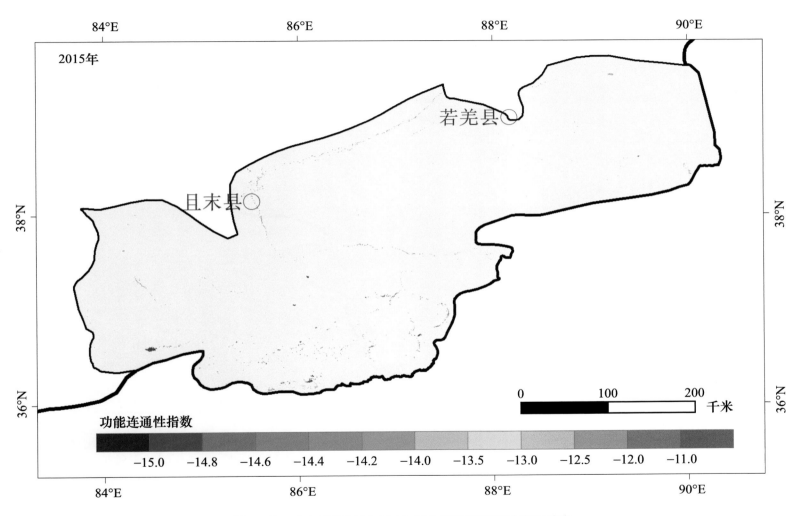

图 3-62 车尔臣河流域 2015 年水系功能连通性空间分布

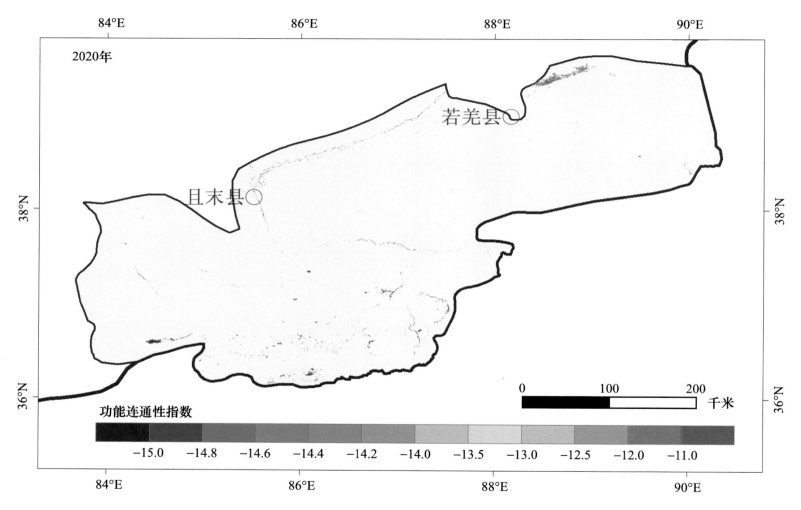

图 3-63　车尔臣河流域 2020 年水系功能连通性空间分布

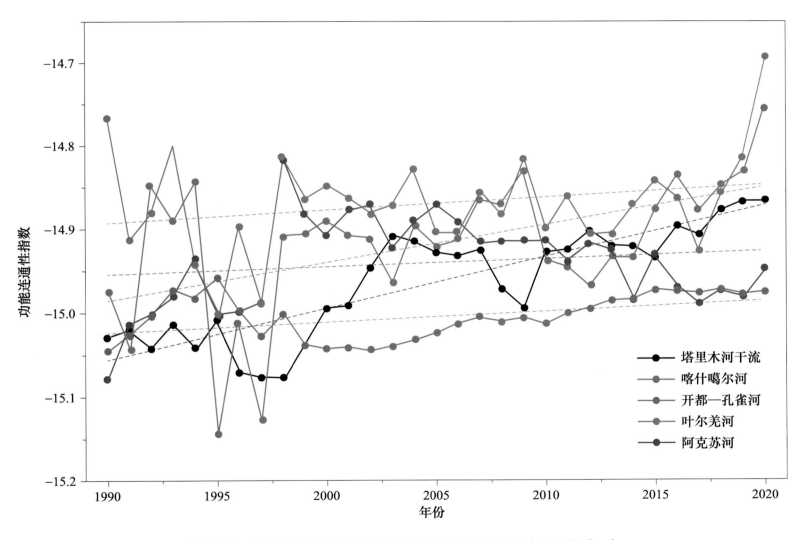

图 3-64 塔里木河流域"九源一干"各子流域功能连通性年际变化(一)

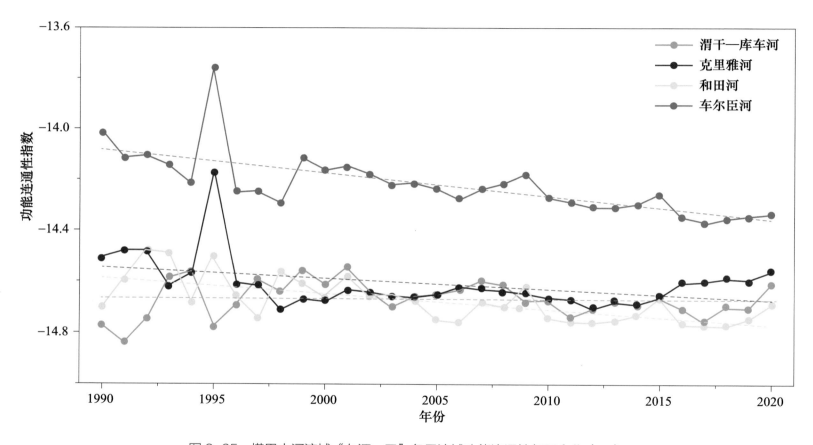

图 3-65　塔里木河流域"九源一干"各子流域功能连通性年际变化（二）

# 第四部分

# 实地考察与验证

　　采用卫星普查、无人机详查、地面核查的方式，结合水文、气象要素观测数据，实地调查了塔里木河流域内河流、湖泊、湿地等水体的位置、面积、水系连通性等指标，结合流域地形、地貌特点，绘制了塔里木河流域河流 – 湖泊 – 湿地水系连通性的空间分布。通过选取典型观测点，观测和验证遥感影像水体分布解译结果的准确性，进而展示该观测点附近水系分布和连通性特征。

　　本部分共计 42 幅图，可为评估气候变化和人类活动背景下塔里木河流域河流 – 湖泊 – 湿地水系连通性时空演变及其对流域生态环境影响提供支撑。

图 4-1　开都—孔雀河流域典型观测点（开都河入博斯腾湖口）水系连通情况（一）

图 4-2 开都—孔雀河流域典型观测点（开都河入博斯腾湖口）水系连通情况（二）

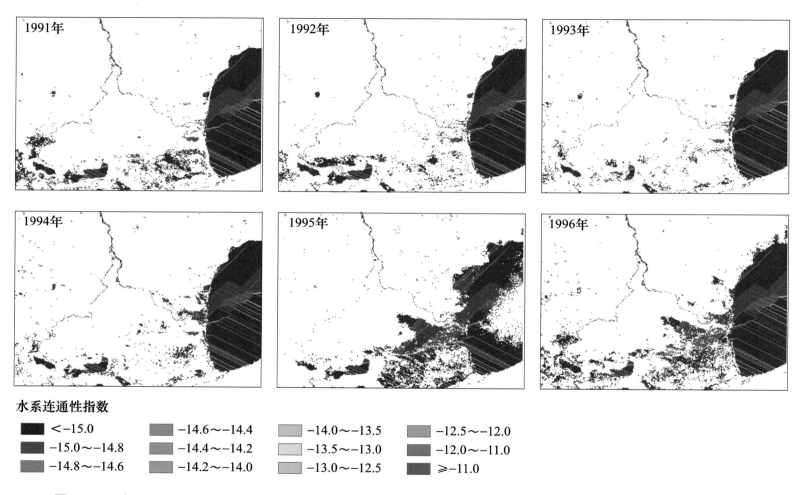

水系连通性指数

| | | | |
|---|---|---|---|
| ■ <−15.0 | ■ −14.6～−14.4 | ■ −14.0～−13.5 | ■ −12.5～−12.0 |
| ■ −15.0～−14.8 | ■ −14.4～−14.2 | ■ −13.5～−13.0 | ■ −12.0～−11.0 |
| ■ −14.8～−14.6 | ■ −14.2～−14.0 | ■ −13.0～−12.5 | ■ ≥−11.0 |

图4-3　开都—孔雀河流域典型观测点（开都河入博斯腾湖口）近30年水系功能连通性空间分布（1991—1996年）

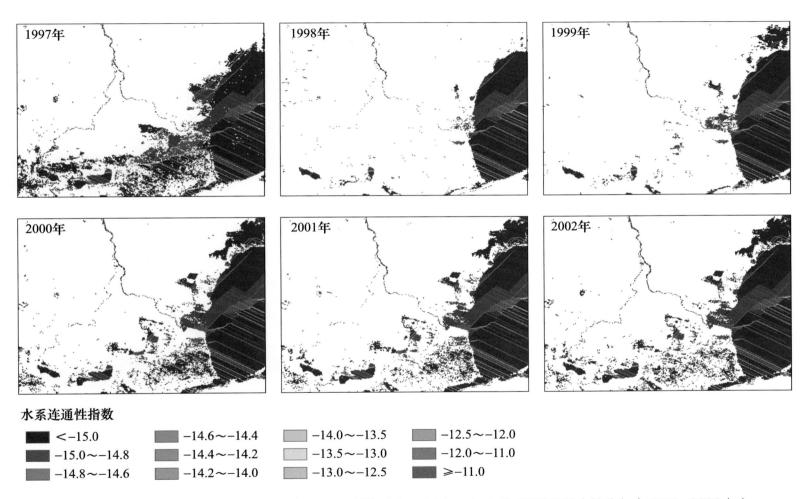

水系连通性指数

| | | | |
|---|---|---|---|
| ■ <-15.0 | ■ -14.6～-14.4 | ▨ -14.0～-13.5 | ▨ -12.5～-12.0 |
| ■ -15.0～-14.8 | ■ -14.4～-14.2 | ▨ -13.5～-13.0 | ■ -12.0～-11.0 |
| ▨ -14.8～-14.6 | ▨ -14.2～-14.0 | ▨ -13.0～-12.5 | ■ ≥-11.0 |

图 4-4　开都—孔雀河流域典型观测点（开都河入博斯腾湖口）近 30 年水系功能连通性空间分布（1997—2002 年）

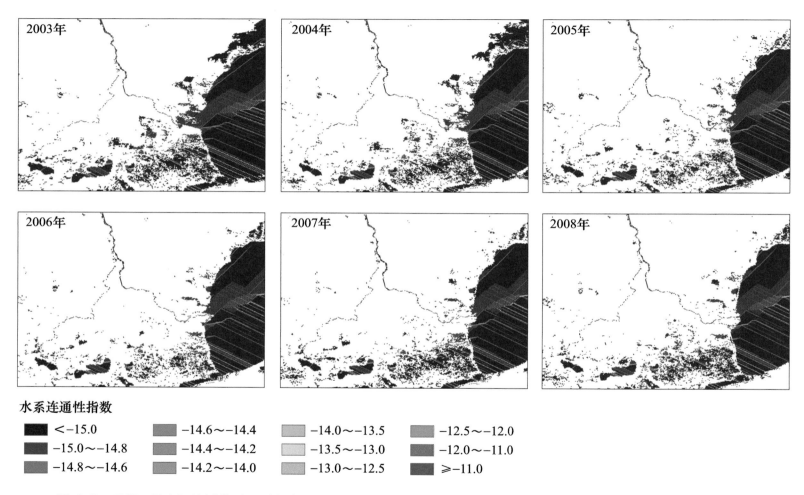

水系连通性指数

| | |
|---|---|
| ■ <−15.0 | ▨ −14.6～−14.4 |
| ■ −15.0～−14.8 | ▨ −14.4～−14.2 |
| ▨ −14.8～−14.6 | ▨ −14.2～−14.0 |

| | |
|---|---|
| ▨ −14.0～−13.5 | ▨ −12.5～−12.0 |
| ▨ −13.5～−13.0 | ▨ −12.0～−11.0 |
| ▨ −13.0～−12.5 | ▨ ≥−11.0 |

图 4-5　开都—孔雀河流域典型观测点（开都河入博斯腾湖口）近30年水系功能连通性空间分布（2003—2008年）

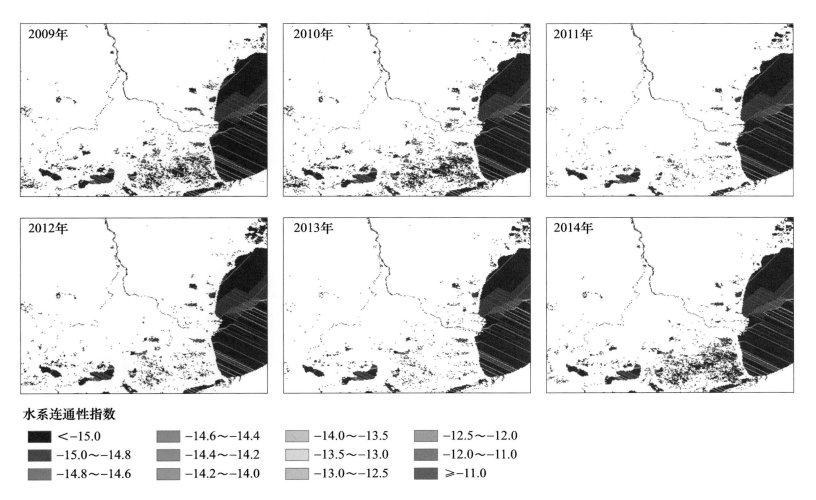

**水系连通性指数**

| | |
|---|---|
| ■ <−15.0 | ■ −14.6～−14.4 |
| ■ −15.0～−14.8 | ■ −14.4～−14.2 |
| ■ −14.8～−14.6 | ■ −14.2～−14.0 |

| | |
|---|---|
| ■ −14.0～−13.5 | ■ −12.5～−12.0 |
| ■ −13.5～−13.0 | ■ −12.0～−11.0 |
| ■ −13.0～−12.5 | ■ ≥−11.0 |

图 4-6　开都—孔雀河流域典型观测点（开都河入博斯腾湖口）近 30 年水系功能连通性空间分布（2009—2014 年）

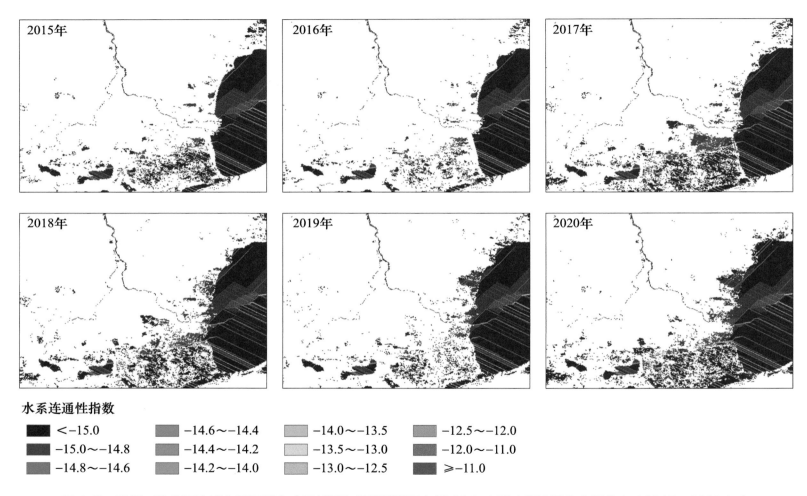

**水系连通性指数**

| | | | |
|---|---|---|---|
| ■ <−15.0 | ■ −14.6〜−14.4 | ■ −14.0〜−13.5 | ■ −12.5〜−12.0 |
| ■ −15.0〜−14.8 | ■ −14.4〜−14.2 | ■ −13.5〜−13.0 | ■ −12.0〜−11.0 |
| ■ −14.8〜−14.6 | ■ −14.2〜−14.0 | ■ −13.0〜−12.5 | ■ ≥−11.0 |

图 4-7　开都—孔雀河流域典型观测点（开都河入博斯腾湖口）近 30 年水系功能连通性空间分布（2015—2020 年）

图 4-8    渭干—库车河流域典型观测点（克孜尔水库）水系连通情况（一）

图 4-9　渭干—库车河流域典型观测点（克孜尔水库）水系连通情况（二）

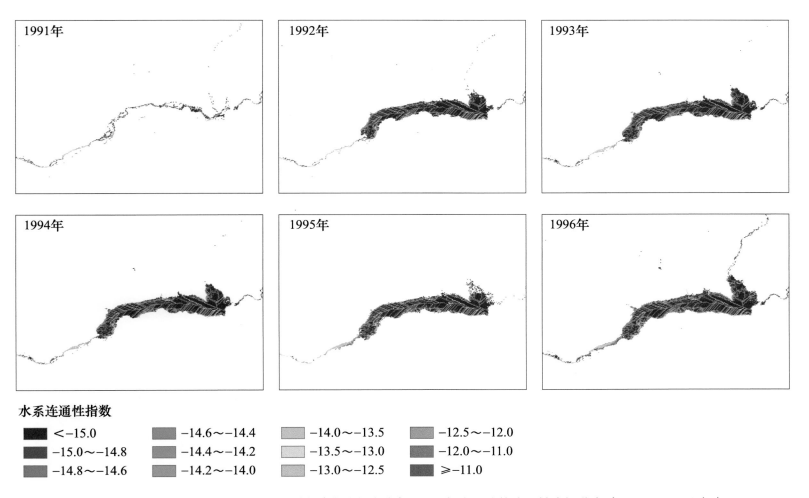

图 4-10　渭干—库车河流域典型观测点（克孜尔水库）近 30 年水系功能连通性空间分布（1991—1996 年）

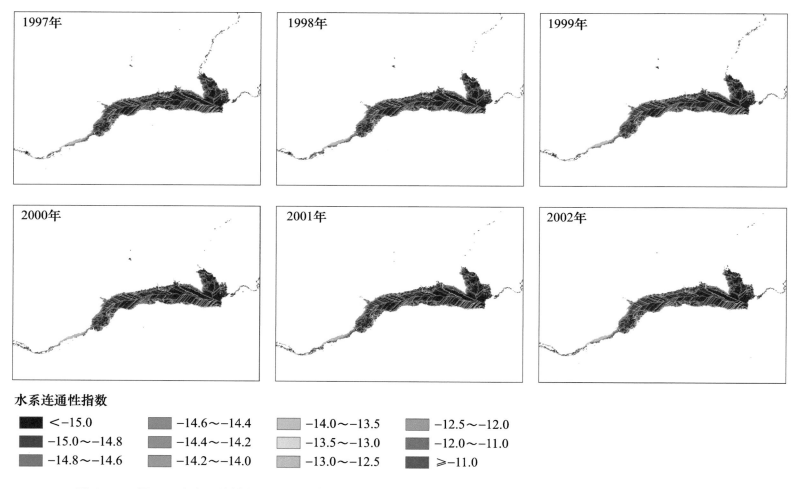

**水系连通性指数**

| | | | |
|---|---|---|---|
| ■ <−15.0 | ■ −14.6～−14.4 | ▨ −14.0～−13.5 | ▨ −12.5～−12.0 |
| ■ −15.0～−14.8 | ▨ −14.4～−14.2 | ▨ −13.5～−13.0 | ▨ −12.0～−11.0 |
| ▨ −14.8～−14.6 | ▨ −14.2～−14.0 | ▨ −13.0～−12.5 | ■ ≥−11.0 |

图 4-11　渭干—库车河流域典型观测点（克孜尔水库）近 30 年水系功能连通性空间分布（1997—2002 年）

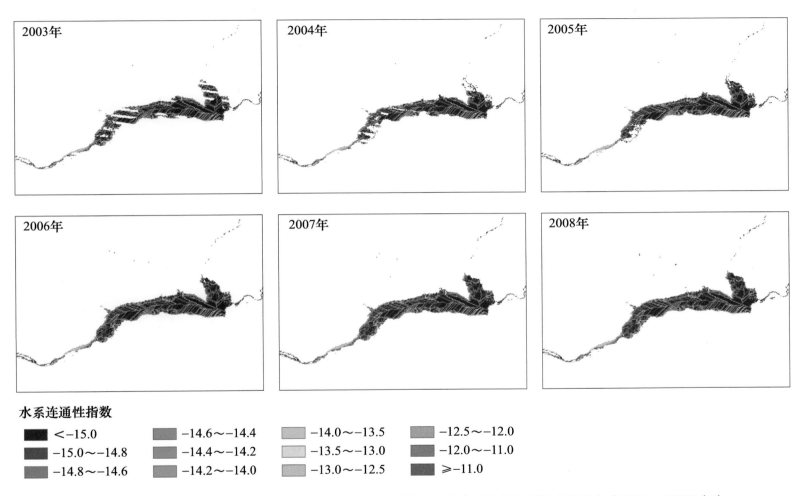

水系连通性指数

| | | | |
|---|---|---|---|
| ■ <−15.0 | ■ −14.6～−14.4 | ■ −14.0～−13.5 | ■ −12.5～−12.0 |
| ■ −15.0～−14.8 | ■ −14.4～−14.2 | ■ −13.5～−13.0 | ■ −12.0～−11.0 |
| ■ −14.8～−14.6 | ■ −14.2～−14.0 | ■ −13.0～−12.5 | ■ ≥−11.0 |

图 4-12　渭干—库车河流域典型观测点（克孜尔水库）近 30 年水系功能连通性空间分布（2003—2008 年）

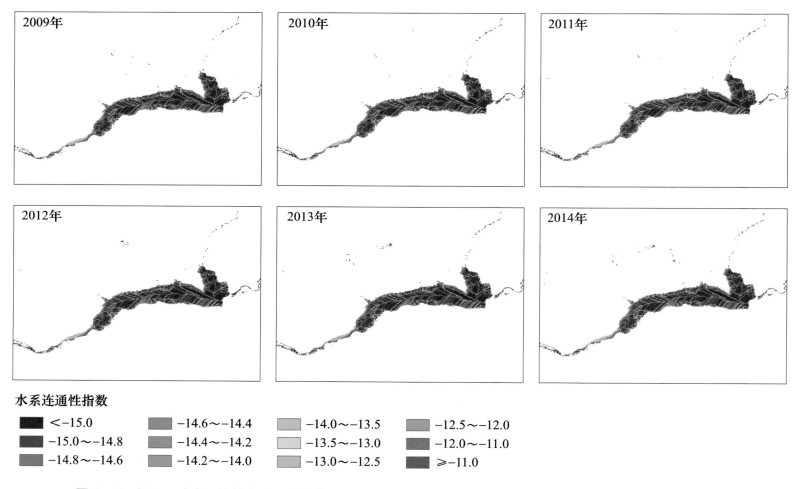

**水系连通性指数**

- ■ <-15.0
- ■ -15.0~-14.8
- ■ -14.8~-14.6
- ■ -14.6~-14.4
- ■ -14.4~-14.2
- ■ -14.2~-14.0
- ■ -14.0~-13.5
- ■ -13.5~-13.0
- ■ -13.0~-12.5
- ■ -12.5~-12.0
- ■ -12.0~-11.0
- ■ ≥-11.0

图 4-13　渭干—库车河流域典型观测点（克孜尔水库）近 30 年水系功能连通性空间分布（2009—2014 年）

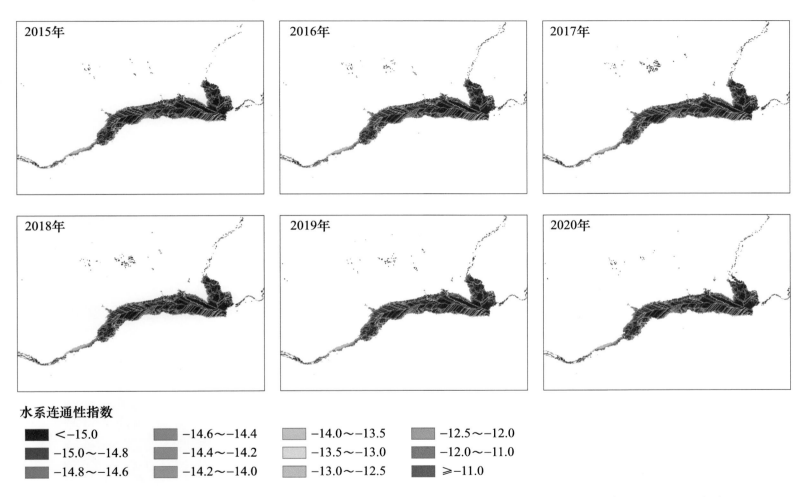

水系连通性指数

| | | | |
|---|---|---|---|
| ■ <-15.0 | ■ -14.6~-14.4 | ■ -14.0~-13.5 | ■ -12.5~-12.0 |
| ■ -15.0~-14.8 | ■ -14.4~-14.2 | ■ -13.5~-13.0 | ■ -12.0~-11.0 |
| ■ -14.8~-14.6 | ■ -14.2~-14.0 | ■ -13.0~-12.5 | ■ ≥-11.0 |

图 4-14　渭干—库车河流域典型观测点（克孜尔水库）近 30 年水系功能连通性空间分布（2015—2020 年）

图4-15　塔里木河干流流域典型观测点（塔里木河零千米）水系连通情况（一）

图 4-16　塔里木河干流流域典型观测点（塔里木河零千米）水系连通情况（二）

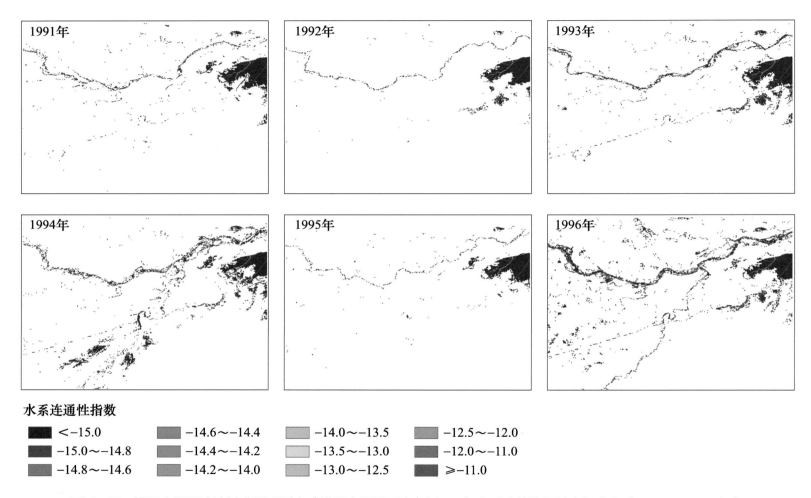

水系连通性指数

| | | | |
|---|---|---|---|
| ■ <-15.0 | ■ -14.6~-14.4 | ▨ -14.0~-13.5 | ▨ -12.5~-12.0 |
| ■ -15.0~-14.8 | ■ -14.4~-14.2 | ▨ -13.5~-13.0 | ▨ -12.0~-11.0 |
| ■ -14.8~-14.6 | ▨ -14.2~-14.0 | ▨ -13.0~-12.5 | ■ ≥-11.0 |

图 4-17 塔里木河干流流域典型观测点（塔里木河零千米）近30年水系功能连通性空间分布（1991—1996年）

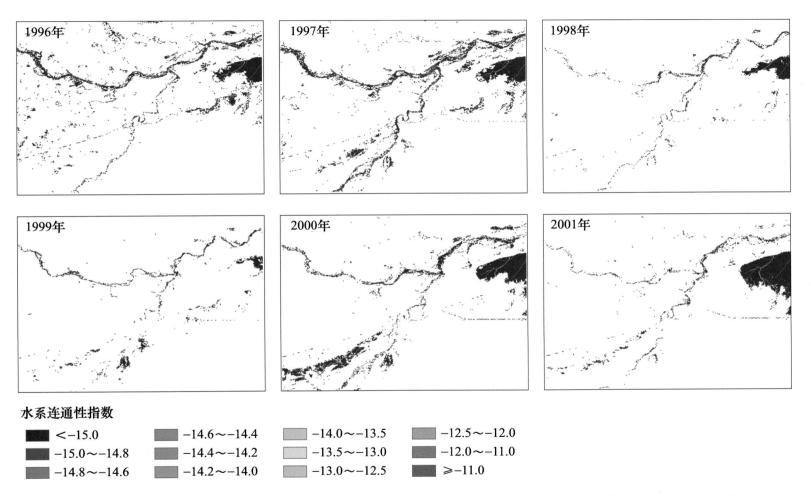

水系连通性指数

| | |
|---|---|
| ■ <−15.0 | ■ −14.6~−14.4 |
| ■ −15.0~−14.8 | ■ −14.4~−14.2 |
| ■ −14.8~−14.6 | ■ −14.2~−14.0 |

| | |
|---|---|
| □ −14.0~−13.5 | ■ −12.5~−12.0 |
| □ −13.5~−13.0 | ■ −12.0~−11.0 |
| □ −13.0~−12.5 | ■ ≥−11.0 |

图 4-18　塔里木河干流流域典型观测点（塔里木河零千米）近 30 年水系功能连通性空间分布（1997—2002 年）

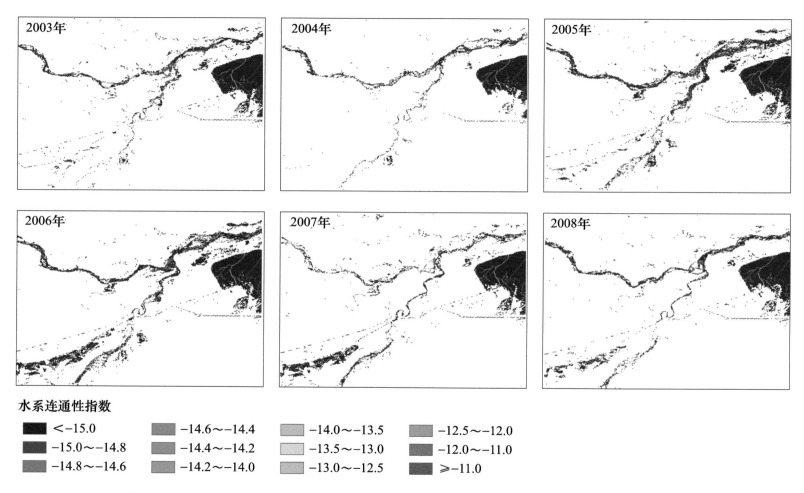

水系连通性指数

| | |
|---|---|
| ■ <-15.0 | |
| ■ -15.0~-14.8 | |
| ■ -14.8~-14.6 | |
| ■ -14.6~-14.4 | |
| ■ -14.4~-14.2 | |
| ■ -14.2~-14.0 | |
| ■ -14.0~-13.5 | |
| ■ -13.5~-13.0 | |
| ■ -13.0~-12.5 | |
| ■ -12.5~-12.0 | |
| ■ -12.0~-11.0 | |
| ■ ≥-11.0 | |

图 4-19　塔里木河干流流域典型观测点（塔里木河零千米）近 30 年水系功能连通性空间分布（2003—2008 年）

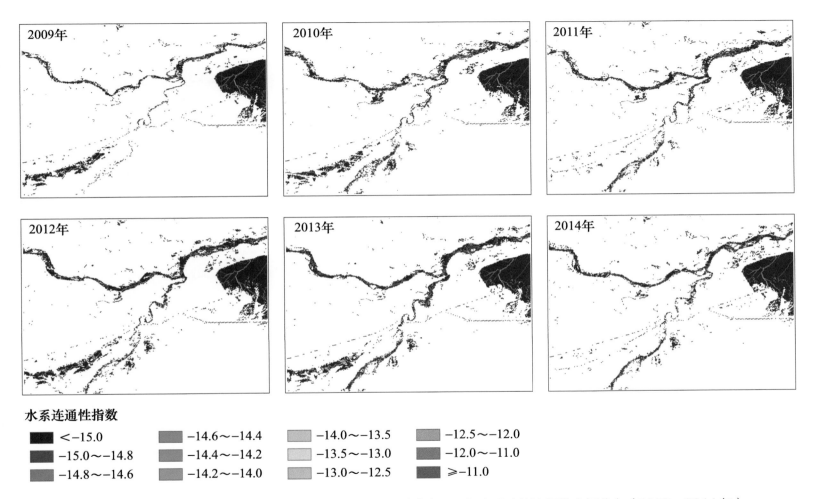

**水系连通性指数**

| | |
|---|---|
| ■ <−15.0 | ■ −14.6～−14.4 |
| ■ −15.0～−14.8 | ■ −14.4～−14.2 |
| ■ −14.8～−14.6 | ■ −14.2～−14.0 |

| | |
|---|---|
| ■ −14.0～−13.5 | ■ −12.5～−12.0 |
| ■ −13.5～−13.0 | ■ −12.0～−11.0 |
| ■ −13.0～−12.5 | ■ ≥−11.0 |

图 4-20　塔里木河干流流域典型观测点（塔里木河零千米）近 30 年水系功能连通性空间分布（2009—2014 年）

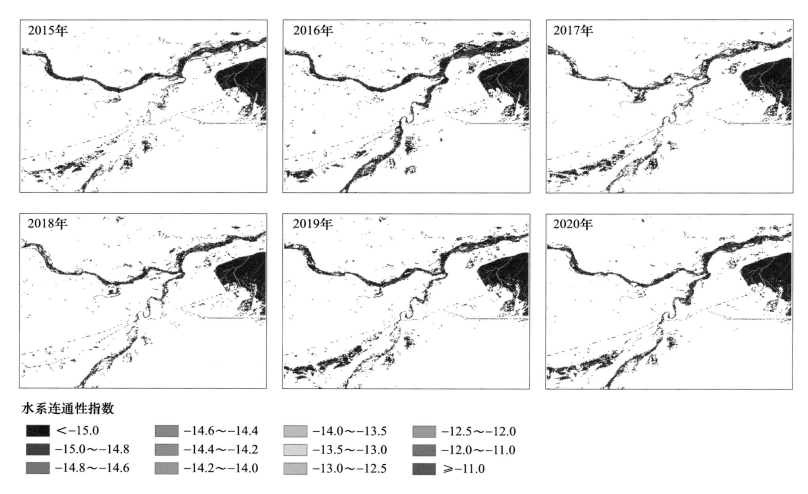

**水系连通性指数**

| | | | |
|---|---|---|---|
| ■ <−15.0 | ■ −14.6～−14.4 | □ −14.0～−13.5 | ■ −12.5～−12.0 |
| ■ −15.0～−14.8 | ■ −14.4～−14.2 | □ −13.5～−13.0 | ■ −12.0～−11.0 |
| ■ −14.8～−14.6 | ■ −14.2～−14.0 | ■ −13.0～−12.5 | ■ ≥−11.0 |

图 4-21　塔里木河干流流域典型观测点（塔里木河零千米）近 30 年水系功能连通性空间分布（2015—2020 年）

图 4-22　和田河流域典型观测点（和田河大桥）水系连通情况（一）

图 4-23　和田河流域典型观测点（和田河大桥）水系连通情况（二）

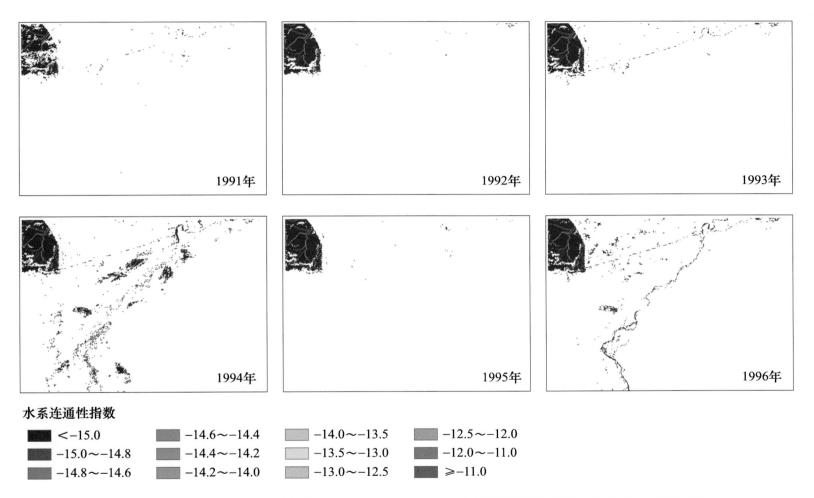

水系连通性指数

| | | | |
|---|---|---|---|
| ■ <−15.0 | ■ −14.6~−14.4 | □ −14.0~−13.5 | ■ −12.5~−12.0 |
| ■ −15.0~−14.8 | ■ −14.4~−14.2 | □ −13.5~−13.0 | ■ −12.0~−11.0 |
| ■ −14.8~−14.6 | ■ −14.2~−14.0 | ■ −13.0~−12.5 | ■ ≥−11.0 |

图 4-24  和田河流域典型观测点（和田河大桥）近 30 年水系功能连通性空间分布（1991—1996 年）

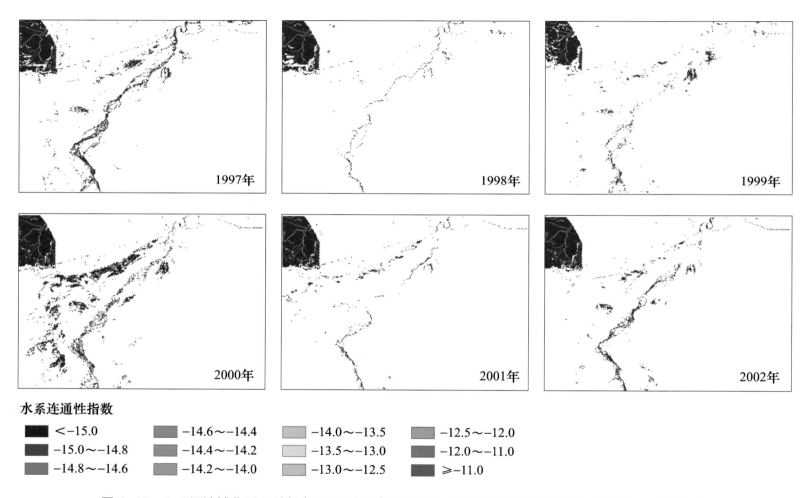

**水系连通性指数**

| | | | |
|---|---|---|---|
| ■ <-15.0 | ■ -14.6～-14.4 | ▨ -14.0～-13.5 | ▨ -12.5～-12.0 |
| ■ -15.0～-14.8 | ■ -14.4～-14.2 | ▨ -13.5～-13.0 | ▨ -12.0～-11.0 |
| ■ -14.8～-14.6 | ■ -14.2～-14.0 | ▨ -13.0～-12.5 | ■ ≥-11.0 |

图 4-25　和田河流域典型观测点（和田河大桥）近 30 年水系功能连通性空间分布（1997—2002 年）

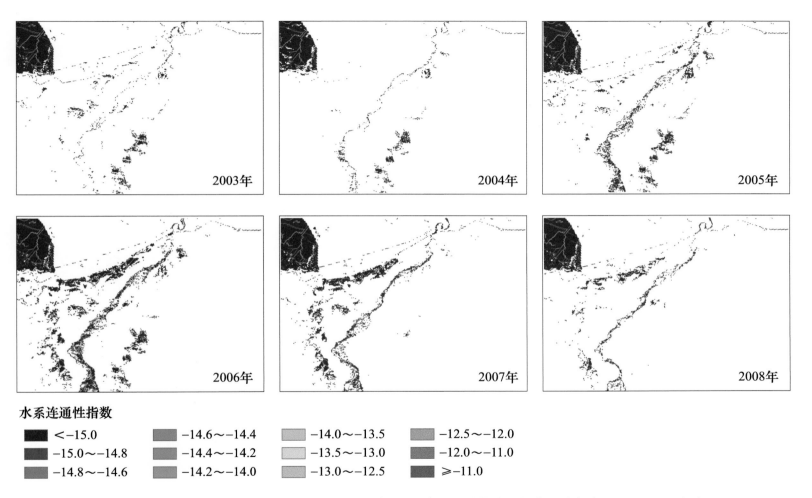

水系连通性指数

| | | | |
|---|---|---|---|
| ■ <−15.0 | ■ −14.6～−14.4 | □ −14.0～−13.5 | ■ −12.5～−12.0 |
| ■ −15.0～−14.8 | ■ −14.4～−14.2 | □ −13.5～−13.0 | ■ −12.0～−11.0 |
| ■ −14.8～−14.6 | ■ −14.2～−14.0 | ■ −13.0～−12.5 | ■ ≥−11.0 |

图 4-26　和田河流域典型观测点（和田河大桥）近 30 年水系功能连通性空间分布（2003—2008 年）

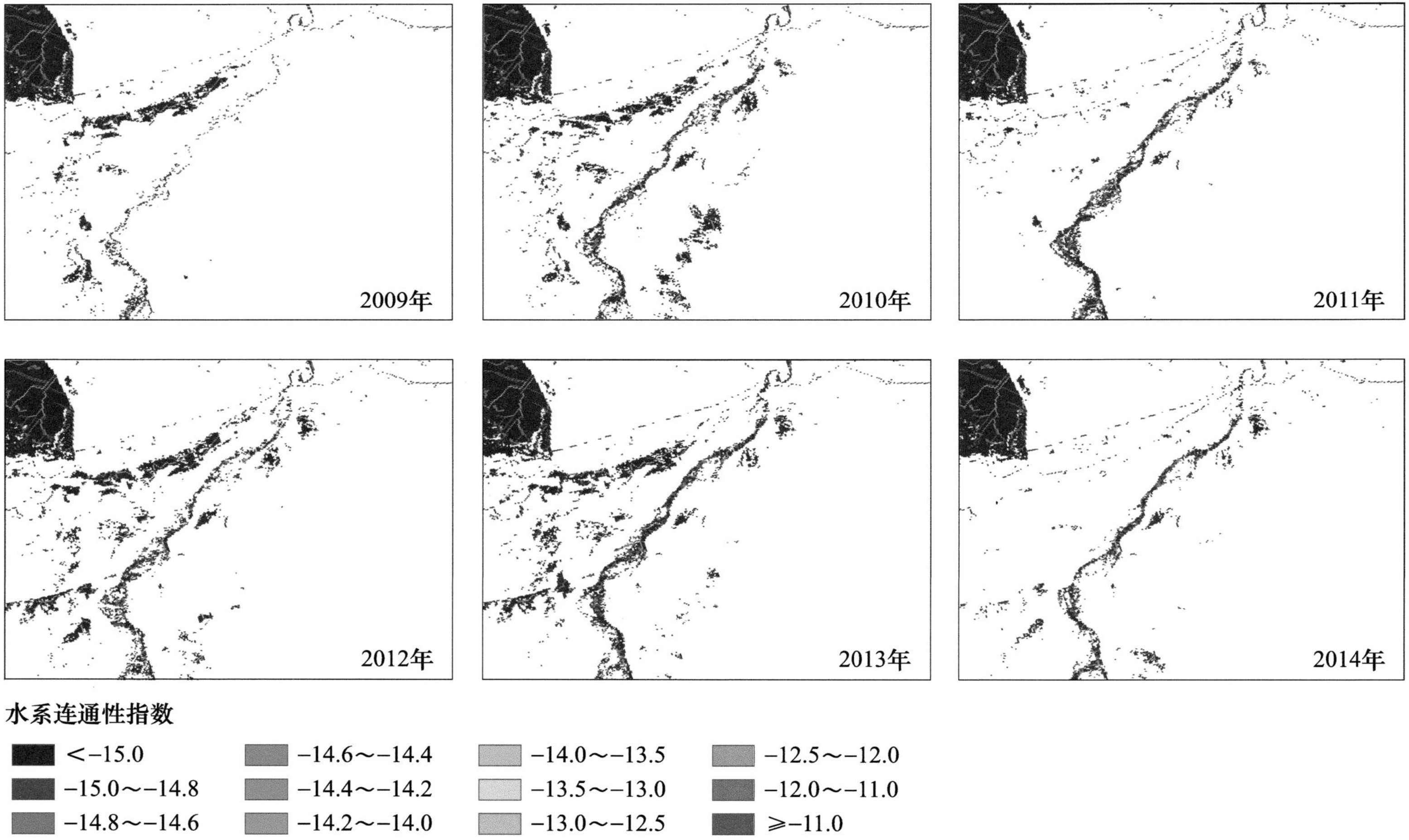
2009年
2010年
2011年
2012年
2013年
2014年
水系连通性指数
<−15.0
−15.0～−14.8
−14.8～−14.6
−14.6～−14.4
−14.4～−14.2
−14.2～−14.0
−14.0～−13.5
−13.5～−13.0
−13.0～−12.5
−12.5～−12.0
−12.0～−11.0
≥−11.0

图 4-27　和田河流域典型观测点（和田河大桥）近30年水系功能连通性空间分布（2009—2014年）

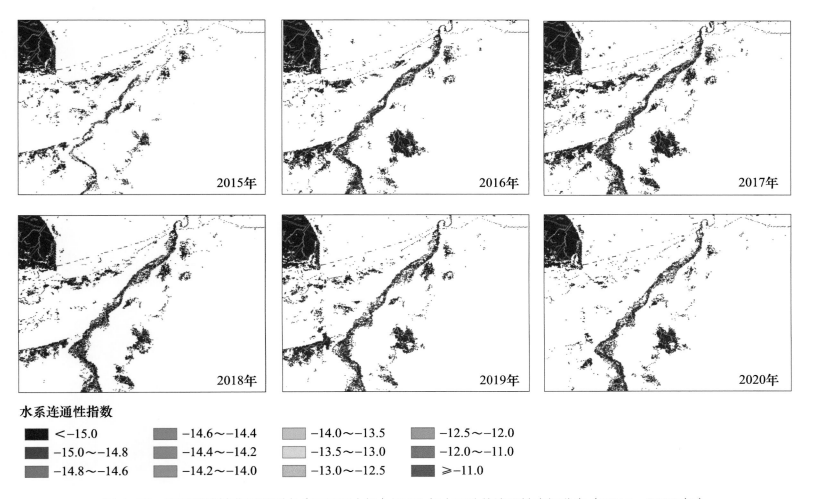

水系连通性指数

| ■ | <−15.0 | ■ | −14.6～−14.4 | □ | −14.0～−13.5 | ■ | −12.5～−12.0 |
|---|---|---|---|---|---|---|---|
| ■ | −15.0～−14.8 | ■ | −14.4～−14.2 | □ | −13.5～−13.0 | ■ | −12.0～−11.0 |
| ■ | −14.8～−14.6 | ■ | −14.2～−14.0 | ■ | −13.0～−12.5 | ■ | ≥−11.0 |

图 4-28　和田河流域典型观测点（和田河大桥）近 30 年水系功能连通性空间分布（2015—2020 年）

图4-29　叶尔羌河流域典型观测点（图木舒克湿地）水系连通情况（一）

图 4-30　叶尔羌河流域典型观测点（图木舒克湿地）水系连通情况（二）

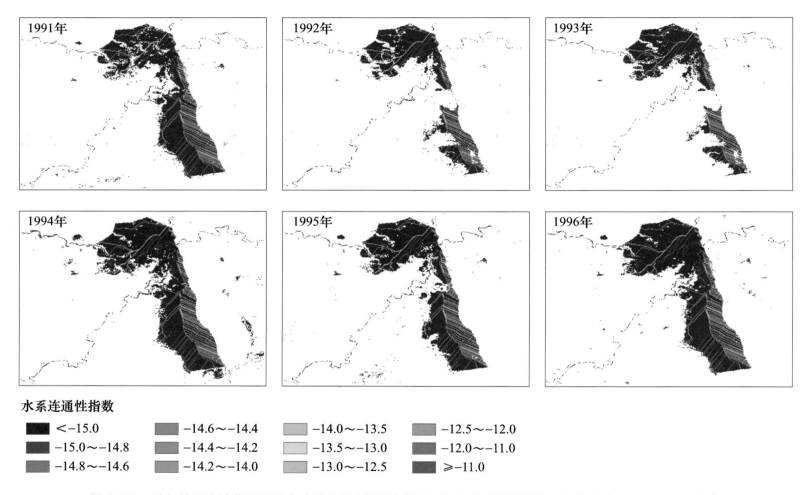

**水系连通性指数**

| | | | |
|---|---|---|---|
| ■ <−15.0 | ■ −14.6~−14.4 | ■ −14.0~−13.5 | ■ −12.5~−12.0 |
| ■ −15.0~−14.8 | ■ −14.4~−14.2 | ■ −13.5~−13.0 | ■ −12.0~−11.0 |
| ■ −14.8~−14.6 | ■ −14.2~−14.0 | ■ −13.0~−12.5 | ■ ≥−11.0 |

图 4-31　叶尔羌河流域典型观测点（图木舒克湿地）近 30 年水系功能连通性空间分布（1991—1996 年）

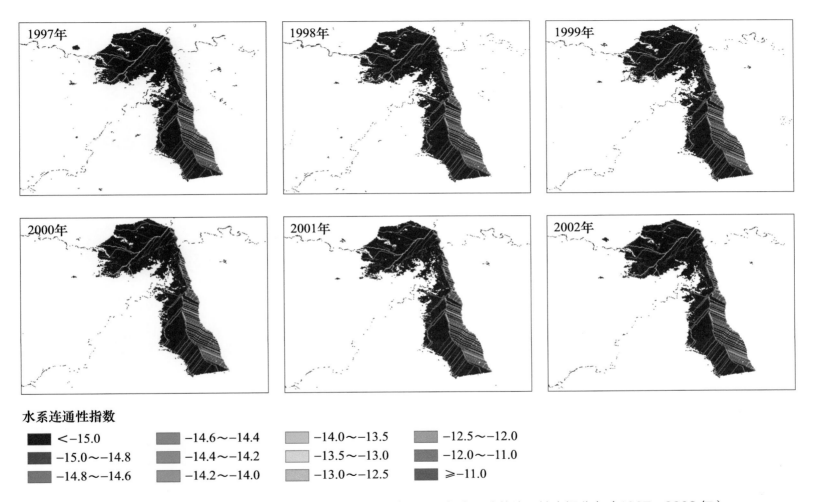

水系连通性指数

| | |
|---|---|
| ■ <-15.0 | ■ -14.6~-14.4 |
| ■ -15.0~-14.8 | ■ -14.4~-14.2 |
| ■ -14.8~-14.6 | ■ -14.2~-14.0 |

| | |
|---|---|
| ■ -14.0~-13.5 | ■ -12.5~-12.0 |
| □ -13.5~-13.0 | ■ -12.0~-11.0 |
| ■ -13.0~-12.5 | ■ ≥-11.0 |

图 4-32　叶尔羌河流域典型观测点（图木舒克湿地）近 30 年水系功能连通性空间分布（1997—2002 年）

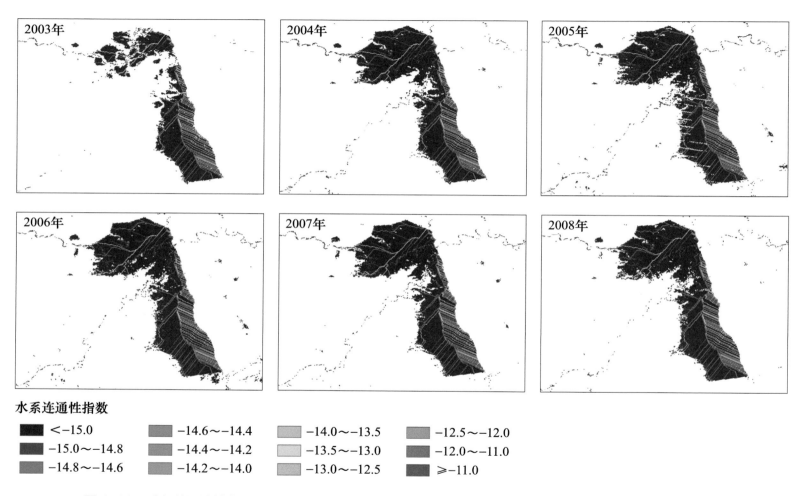

图 4-33　叶尔羌河流域典型观测点（图木舒克湿地）近30年水系功能连通性空间分布（2003—2008年）

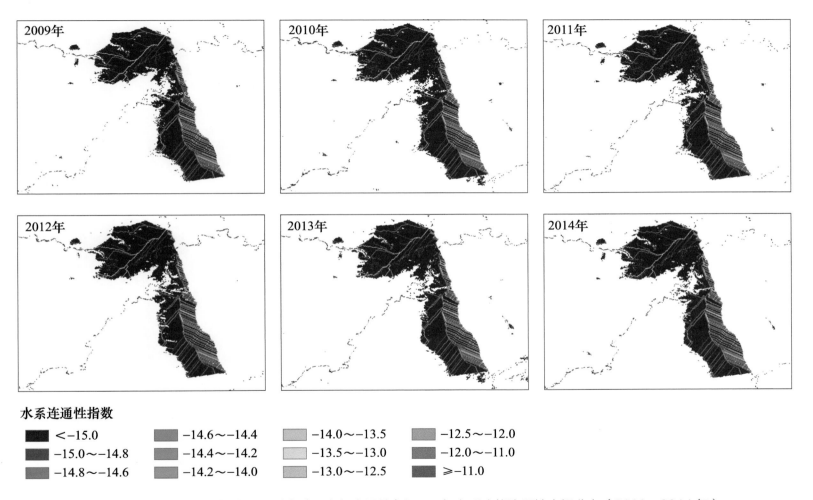

**水系连通性指数**

| | |
|---|---|
| ■ <-15.0 | ■ -14.6～-14.4 |
| ■ -15.0～-14.8 | ■ -14.4～-14.2 |
| ■ -14.8～-14.6 | ■ -14.2～-14.0 |

| | |
|---|---|
| ■ -14.0～-13.5 | ■ -12.5～-12.0 |
| ■ -13.5～-13.0 | ■ -12.0～-11.0 |
| ■ -13.0～-12.5 | ■ ≥-11.0 |

图 4-34　叶尔羌河流域典型观测点（图木舒克湿地）近 30 年水系功能连通性空间分布（2009—2014 年）

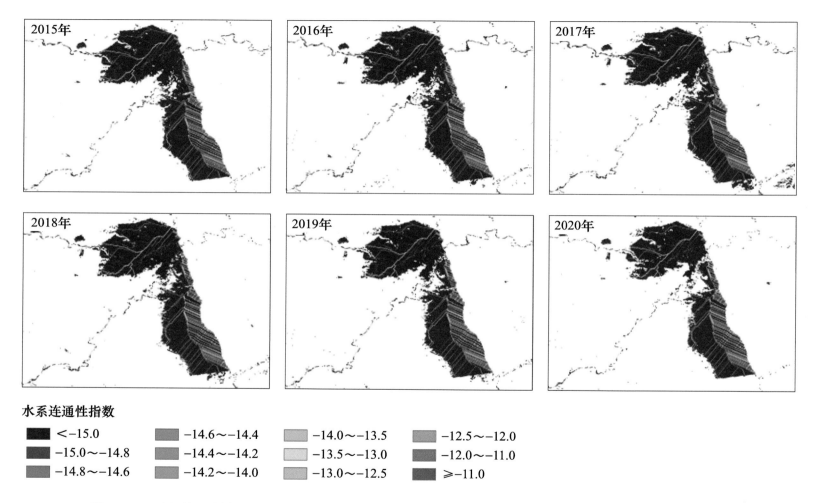

- ■ <−15.0
- ■ −15.0～−14.8
- ■ −14.8～−14.6
- ■ −14.6～−14.4
- ■ −14.4～−14.2
- ■ −14.2～−14.0
- ■ −14.0～−13.5
- ■ −13.5～−13.0
- ■ −13.0～−12.5
- ■ −12.5～−12.0
- ■ −12.0～−11.0
- ■ ≥−11.0

图 4-35　叶尔羌河流域典型观测点（图木舒克湿地）近 30 年水系功能连通性空间分布（2015—2020 年）

图 4-36　喀什噶尔河流域典型观测点（英吉沙湿地）水系连通情况（一）

图 4-37  喀什噶尔河流域典型观测点（英吉沙湿地）水系连通情况（二）

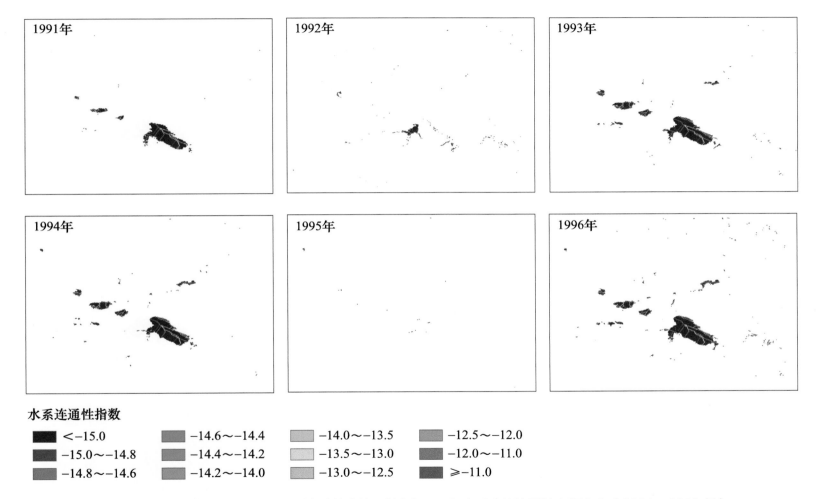

**水系连通性指数**

| | | | |
|---|---|---|---|
| ■ <−15.0 | ■ −14.6～−14.4 | ■ −14.0～−13.5 | ■ −12.5～−12.0 |
| ■ −15.0～−14.8 | ■ −14.4～−14.2 | ■ −13.5～−13.0 | ■ −12.0～−11.0 |
| ■ −14.8～−14.6 | ■ −14.2～−14.0 | ■ −13.0～−12.5 | ■ ≥−11.0 |

图 4-38　喀什噶尔河流域典型观测点（英吉沙湿地）近 30 年水系功能连通性空间分布（1991—1996 年）

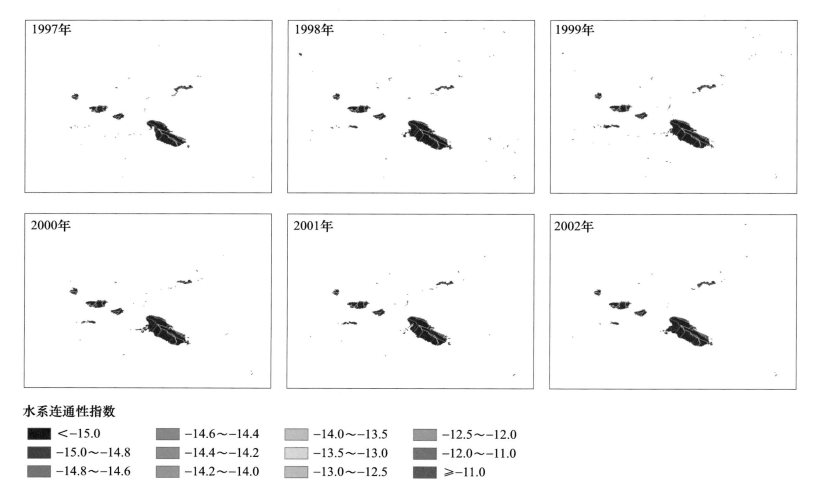

图4-39　喀什噶尔河流域典型观测点（英吉沙湿地）近30年水系功能连通性空间分布（1997—2002年）

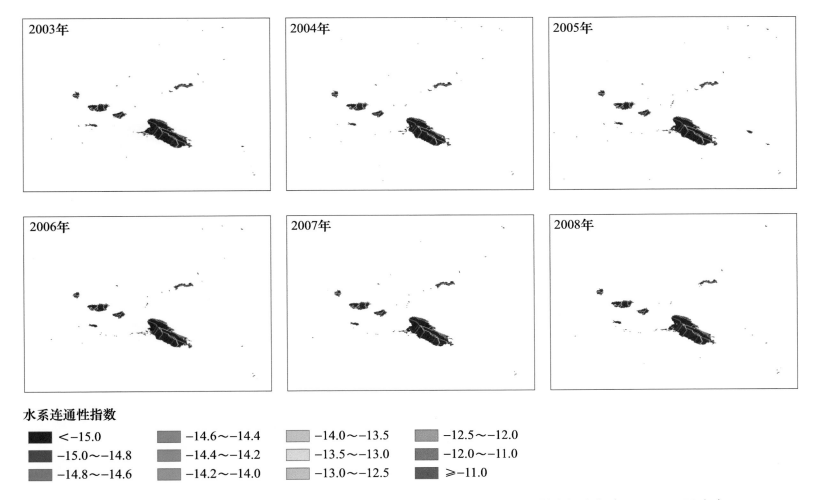

**水系连通性指数**

| | | | |
|---|---|---|---|
| ■ <−15.0 | ■ −14.6～−14.4 | ■ −14.0～−13.5 | ■ −12.5～−12.0 |
| ■ −15.0～−14.8 | ■ −14.4～−14.2 | ■ −13.5～−13.0 | ■ −12.0～−11.0 |
| ■ −14.8～−14.6 | ■ −14.2～−14.0 | ■ −13.0～−12.5 | ■ ≥−11.0 |

图 4-40　喀什噶尔河流域典型观测点（英吉沙湿地）近 30 年水系功能连通性空间分布（2003—2008 年）

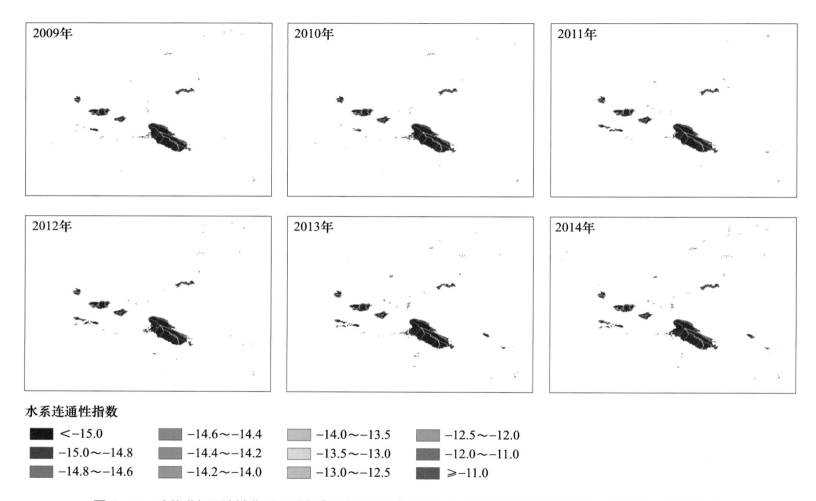

水系连通性指数

| | | | |
|---|---|---|---|
| ■ <−15.0 | ■ −14.6～−14.4 | ■ −14.0～−13.5 | ■ −12.5～−12.0 |
| ■ −15.0～−14.8 | ■ −14.4～−14.2 | ■ −13.5～−13.0 | ■ −12.0～−11.0 |
| ■ −14.8～−14.6 | ■ −14.2～−14.0 | ■ −13.0～−12.5 | ■ ≥−11.0 |

图 4-41　喀什噶尔河流域典型观测点（英吉沙湿地）近30年水系功能连通性空间分布（2009—2014 年）

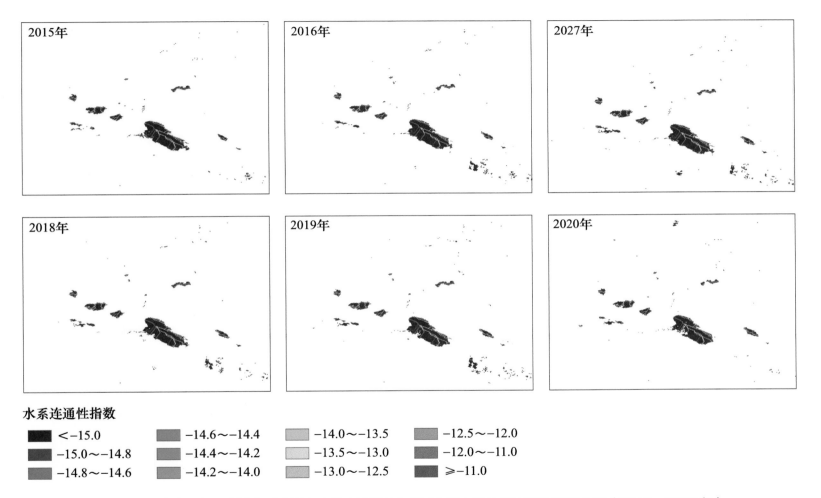

水系连通性指数

| | | |
|---|---|---|
| ■ <-15.0 | ■ -14.6～-14.4 | □ -14.0～-13.5 | ■ -12.5～-12.0 |
| ■ -15.0～-14.8 | ■ -14.4～-14.2 | □ -13.5～-13.0 | ■ -12.0～-11.0 |
| ■ -14.8～-14.6 | ■ -14.2～-14.0 | □ -13.0～-12.5 | ■ ≥-11.0 |

图 4-42　喀什噶尔河流域典型观测点（英吉沙湿地）近 30 年水系功能连通性空间分布（2015—2020 年）